商店叢書 ㊺

向肯德基學習連鎖經營 〈增訂二版〉

張靜華　編著

憲業企管顧問有限公司　發行

《向肯德基學習連鎖經營》〈增訂二版〉

序 言

　　肯德基企業從一家速食店,魔術般地成長為全球最大的連鎖帝國,絕不是偶然的,它在連鎖經營上的成功,值得企業界參考學習。

　　如今的肯德基已成為企業界最大的速食連鎖集團,它的連鎖店,幾乎遍佈全球,它掀起了一場飲食服務業的革命,改變了幾代人的飲食習慣。它對每一個細節都堅持標準化,而且持之以恆的執行!

　　肯德基、麥當勞都是世界一流的連鎖企業,而且彼此學習,在雙方的經營方法上,似乎都可以看到自己企業的影子。舉個例子,在幾個城市的市區裏,可能在肯德基連鎖店的旁邊就有麥當勞連鎖店,這種現象屢見不爽。

連鎖經營就是一種經營模式，連鎖經營可以使企業的規模迅速膨脹，還可以快速搶佔市場佔有率，最終目的是壯大企業的經營成果。連鎖經營如果沒有標準化的操作流程規則和詳細的管理規範，反而會給大規模的投資擴展帶來更巨大的損害。

本書就是專門針對肯德基的連鎖經營，加以介紹其精華。

肯德基帶給我們速食的新概念，它更掀起了一場飲食服務業的革命，並改變了幾代人的飲食習慣。肯德基把「品質、服務、整潔、價值」的經營觀念細化，貫穿到企業管理的每個角落。

肯德基的成功經驗值得所有企業學習和借鑑：

1.標準化的管理。肯德基決定了品質、服務、環境等幾乎所有的標準。

2.標準化的合作。經過嚴格的特許經營培訓後，由特許經營者全面負責餐廳的經營管理，原材料本地採購，工作人員本地化。

3.標準化的培訓。肯德基為特許經營者、管理者和管理助理提供標準化的、全面的培訓。

4.標準化的作業。統一服務規範，把為顧客提供週到、便捷的服務放在首位；規範作業方式，制定統一的菜單服務項目。

5.標準化的環境。每個餐廳都要有良好的消費環境、優質的服務、衛生的食品，確保各個分店提供的食品口味穩定。

肯德基正是用這種標準化的經營方式，向我們展示了一種口味、服務和人性化。在肯德基，從原料供應到產品售出，任何行動都必須遵循嚴格統一的標準、規程、時間和方法，全球

各地的顧客在世界的不同角落、不同時間，都能品嘗到品質相同、鮮美可口的炸雞、美式漢堡。

當前，服務效率已成為速食業競爭的關鍵，速食消費者不僅希望所得到的食品乾淨、衛生和帶有一定的熱度，還非常注重所接受服務的效率、注重能否儘快地得到所要的食品。

點點滴滴、精益求精的細節管理，打造了肯德基所向披靡的品牌力。肯德基通過制定一系列制度和改進設備、通過改善服務流程來提高服務效率，以滿足消費者的需要。在肯德基所制定的一些規則、設計的一些設備及工具上，都體現了其匠心獨具。

本書詳細地剖析了肯德基企業在連鎖經營中取得令人矚目成績的關鍵原因，讓讀者更瞭解肯德基的經營模式和運作技巧，從諸多業務流程中發現一些能提高效率的「秘訣」。本書是2011年增訂二版，增加更多的肯德基內部營運做法，這對於經營管理人員來說，具有很好的借鑑價值。

2011 年 7 月

《向肯德基學習連鎖經營》〈增訂二版〉

目　錄

連鎖秘訣 1：用一隻雞改變世界，打造新速食

說起麥當勞，自然而然會想起肯德基，這兩個同是來自美國的著名品牌，都是全球最具規模的速食連鎖企業，相互競爭又相互促進。

在世界的許多地方，我們都可以看到一個老人的笑臉，花白的鬍鬚，白色的西裝，黑色的眼鏡。這個世界著名的形象，這個和藹可親的老人就是「肯德基」的招牌和標誌──哈倫德·山德士上校，也是這個著名品牌的創造者。山德士上校一身西裝，滿頭白髮及山羊鬍子的形象，已成為肯德基的最佳象徵。從最初的街邊小店，到今天的餐飲帝國，山德士用一隻雞改變了人們的飲食世界。

目前肯德基在世界 80 個國家擁有連鎖店 11000 多家。據美國食品業界研究機構 Technomic 對 2003 年全美速食銷售額和餐廳數量的統計顯示，肯德基以全美 5524 家餐廳，銷售額 49.36 億美元排名第 7 位。

肯德基遍佈全球 80 多個國家，目前擁有 10000 多家店。在這個地球上，每天都有一家肯德基開業。不論是在中國大陸的長城還是巴黎繁忙的市中心，從保加利亞風光明媚的蘇菲亞市中心到波多黎各街道，以山德士上校熟悉的臉孔為招牌的肯德基餐廳隨處可見。

世界上每天都有超過 600 萬的顧客光顧肯德基，除了肯德基的傳統招牌產品——原味炸雞，肯德基餐廳還提供其他 400 多種產品，例如科威特的雞肉烤餅及日本的鮭魚三明治。

肯德基的成功，是全球 10 多萬員工齊心協力，共同努力的結果。肯德基永遠將顧客的需求擺在第一位，使顧客在享受各種高品質餐飲的同時，也能感受到最親切的一流服務和用餐環境。亞太地區是肯德基成長最快速的地區，在馬來西亞、韓國、印尼、泰國及中國，肯德基已成爲當地最大的西式速食餐廳。

現在，肯德基屬於百勝餐飲集團，是世界上最成功的消費品公司之一。百勝餐飲集團下轄餐廳、飲料和休閒食品三大系統行業。在百勝的餐廳系統，除了肯德基，還有必勝客和塔可鐘兩個世界著名品牌，共同打造世界新速食。

1.肯德基特許經營的開端

特許經營模式是山德士上校一生中的三大創造之一，開啓了餐飲業特許經營方式的新紀元。特許經營(Franchise)是一種已被公認爲有效的經營理念，特許經營授權商(Franchisor)將其成功的品牌、產品和運作模式傳授給特許經營體系中的特許經營加盟商(Franchisee)使用，使特許經營加盟商獲權經營一種早已獲暢銷的產品或服務。

山德士上校的事業在 20 世紀 50 年代中期面臨一個危機，他的 Santders Cafe 餐廳因所在地被新建的高速公路通過而不得不轉讓。當時的上校已經 66 歲，但他自覺尚年輕，不需要靠社會福利金過日子，況且這點救濟金根本不能維持生活，還是要靠自己。

山德士冥思苦想：該怎麼做，怎樣才能擺脫困境。他擁有的最大價值的東西就是炸雞了，這是一筆巨大的無形資產。突然，他想起曾經把炸雞做法賣給猶他州的一個飯店老闆。這個老闆幹得不錯，所以又有幾個飯店主也買了山德士的炸雞作料。他們每賣 1 只雞，付給山德士 5 美分。困境之中的山德士想，也許還有人這樣做，沒準這就是事業的新起點。

於是他開著他的福特老車，載著他的 11 種香料配方及他的得力助手——壓力鍋開始上路了。他到印第安那州、俄亥俄州及肯塔基州各地的餐廳，將炸雞的配方及方法出售給有興趣的餐廳。開始的時候，沒有人相信他，山德士的宣傳工作做得很艱難，整整兩年，他被拒絕了 1009 次，終於在第 1010 次走進一個飯店時，得到了一句「好吧」的回答。有了第一個人，就會有第二個人，在山德士的堅持之下，他的想法終於被越來越多的人接受了。

1952 年，設立在鹽湖城的首家被授權經營的肯德基餐廳建立了。令人驚訝的是，在短短 5 年內，這家餐廳在美國及加拿大已發展到 400 多家連鎖店，這便是世界上餐飲加盟特許經營的開始。

1955 年，肯德基有限公司正式成立。與此同時，山德士上校本人的形象也成為肯德基全球性的象徵。

多年以來，百勝餐飲集團旗下的肯德基依靠特許加盟方式，在美國本土開始擴張。然而，進入 20 世紀 90 年代，百勝餐飲集團的高層們發現，特許加盟雖然有助於增加門店數量，但要有效控制管理和產品品質卻極具挑戰。加盟商和百勝餐飲

集團之間開始互相心存芥蒂。肯德基財務持續不樂觀，他們決定收回加盟商手中的「特權」。

這像一顆重磅炸彈，使肯德基的加盟商們大聲斥責百事高層，態度強硬地抗議，雙方關係迅速僵化。大衛•諾瓦克臨危受命爲百勝餐飲集團董事局主席、首席執行官兼總裁。諾瓦克用其「左手傾聽，右手征服」的方式，很快征服了加盟商。

在美國，特許經營已佔零售市場的 1/3，而且是增長最爲迅速的一部份。而在新加坡，大力發展特許經營被列爲政府的國策之一。通過特許經營這種經營模式，可以爲加盟商帶來：由於得到一個成功經營體系的大力支持，加盟商可以在非常短的時間內開始經營一項全新的生意；加盟商能避免導致 80%新開業者最終失敗的各種風險；根據加盟商自己現有經濟能力和目標的不同，加盟商可以選擇成爲整個體系的一個分店，或是成爲一個區、市，乃至申請成爲該特許經營體系全國或省級的區域特許經營授權商；而對特許經營授權商來說，建立特許經營體系能使加盟商迅速地實現低成本擴張。由於這樣的優勢，特許經營已經成爲全世界推崇的經營模式。

肯德基能夠在世界上快速擴張，依靠的便是特許經營的模式，目前肯德基在全球其他國家市場上的加盟店比例都在 70%以上。

將企業做大做強是每家企業的夢想。通過擴張，由小到大，由弱到強，走向集團化、規模化、多元化、國際化的成功之路，自然就成了眾多企業的普遍理想。很多企業正是通過這樣的擴張嘗到了甜頭，走向了更成功的階梯。肯德基在成功開發美國

本土市場的前提下，開始向海外發展，繼續擴大自己「烹雞王國」的「版圖」。

1991 年，肯德基與其他速食公司的成長率相比，下降了5%，美國人減少購買的原因，是因爲油炸食品與心臟病有關聯。但是這種情況亞洲人則不以爲然。在中國、韓國、馬來西亞和印尼，肯德基位居速食業的第一位，而不是麥當勞。在日本和新加坡，肯德基緊隨麥當勞位居第二。肯德基在亞洲每家門店平均投資 120 萬美元，比美國多 60%。炸雞產品在亞洲取得成功，使肯德基成爲全球性公司。

肯德基在亞洲的起步始於 1970 年，這一年它率先進入日本。1973 年又進入香港，次年急速發展到 11 家餐廳；但因錯估市場，到 1975 年初又關閉了所有餐廳，並撤出香港。10 年後帶著從失敗中吸取的教訓，肯德基捲土重來，通過特許授權的方式，將香港的經營權交給一個由本地投資者組成的公司，叫 Birdland。1984 年，肯德基將台灣經營權以特許授權的方式，交給由兩家日本公司及一家本地公司組成的一家合資公司。

2.在日本市場

肯德基攻克亞洲市場首先是從日本市場開始的，之所以選擇日本，是因爲日本是亞洲國家中消費緊跟時代、人們生活較爲富裕的國家。但是，沒有想到的是，肯德基在日本的經歷並不像人們想像得那樣順利，它的成功是在坎坷中取得的，較爲艱難。

20 世紀 60 年代末期，肯德基也開始爲進軍海外市場摩拳擦掌，這一設想終於在日本得以實現。一開始是由從事家禽貿

易的三菱公司主動聯繫到肯德基，提議在日本建立一家肯德基合資公司，幫助開發日本民眾對雞肉消費的需求。這一提議和肯德基時任總裁的布朗的想法不謀而合。布朗一直希望把肯德基的業務更快地拓展到海外去，而現在機會就在眼前，他希望抓住這一次機會。

但首先擺在布朗面前的問題就是人選的問題。他缺少一個能擔當如此具有挑戰性任務的領軍人物。不過，他很快想到了一個候選者——IBM 公司銷售人員洛伊•韋斯頓(Loy Weston)。

洛伊•韋斯頓在朝鮮戰爭期間一直駐守在日本，戰爭之後加入了 IBM 的銷售部門，對日本文化瞭解頗多。20 世紀 60 年代中期，他作為 IBM 新產品銷售小組的一名成員在肯德基的列克星敦安營紮寨，那時與布朗相遇。

在與三菱公司接觸後，布朗請來了韋斯頓，說服他加入肯德基並前往日本開設一家新公司。韋斯頓經過再三的考慮，終於同意。之後，韋斯頓走上了肯德基在日本發展的漫漫征程，並在肯德基開拓日本市場的艱難征程中做出了巨大的貢獻。

布朗為韋斯頓提供了 20 萬美元的創業資金和 4 萬美元的年薪，同時還允許韋斯頓在公司成功建立起來之後取得成本帳戶。韋斯頓在接受了兩個星期的烹製雞肉學習後，開始了其艱難的日本征程。

在去日本的路上，韋斯頓在希臘會見了一家大阪印刷公司的總裁。韋斯頓表示要開一家新公司，需要大量印刷品，該總裁立即安排一位叫 Shin Ohklawara 的銷售代表與其會面。

韋斯頓對 Shin Ohklawara 相見恨晚，並極力說服他加入肯

德基。韋斯頓利用巡視的機會使 Shin Ohkawara 對他為新公司
所制訂的宏偉計劃留下了深刻的印象。大約 6 個月後，Shin
Ohklawara 同意加入肯德基。

　　韋斯頓到達日本後的 6 個月中，肯德基與三菱公司並未簽
署正式的合資協議。他先在一家地方百貨店中對肯德基產品進
行了試驗性質的銷售。通過這次試驗，他發現日本人不喜歡肯
德基標準菜單上的土豆泥，而蔬菜沙拉對於當地口味來說太甜
了。於是韋斯頓決定以法式煎炸土豆代替土豆泥，並從公司制
定的標準中減少了蔬菜沙拉中糖的含量。

　　1970 年 7 月 4 日，肯德基與三菱公司的合資協議最終簽
署，日本第一家肯德基門店設在大阪的美國公園。為了樹立形
象，肯德基另外兩家門店也在大阪開業。這兩家分店店址選擇
在地皮相對便宜的新購物中心。其裝潢設計與美國本土店面保
持一致，炸雞店的結構為大型的、自由站立式的，地面空間達
408.8 平方米（4400 平方英尺），完全是美國外賣店鋪的複製
品。Shin Ohkawara 管理其中的一家。

　　門店終於建成營業了，結果並沒有人們想像的那樣順利，
麻煩卻接踵而至：肯德基的食品沒有給顧客留下很好的印象，
肯德基對人們並沒有多大的吸引力，很多炸雞被扔掉了。銷售
業績的直線下滑，致使門店財務虧損。最要命的是，肯德基的
最大威脅麥當勞也在東京出現了。這麼多的問題，使韋斯頓一
籌莫展，深深陷入矛盾之中。同時，日本肯德基公司已經耗盡
了由合資夥伴投入的 40 萬美元，肯德基還需要借來更多的錢，
支持經營現有的門店。肯德基在日本何去何從？韋斯頓苦苦思

索以圖扭轉頹勢。

在韋斯頓努力奮鬥下，局面終於有所好轉。韋斯頓認為要想擺脫銷售下滑的局面，最根本的是戰略思想的轉變。為此，他做了以下方面的工作：

首先，他把肯德基看成一家時尚產業中的公司，把注意力放在了引導時尚潮流的東京，把目標顧客定在面向高消費階層的青年情侶與兒童上。

其次，韋斯頓開始著手改變產品的形狀、大小及菜單的內容，以此來適應日本人的生活習慣。

再次，遷移門店地址，把它放到人群眾多、有飲食需求的地方去，這樣可以保證不斷的客源。

最後，儘管有肯德基提供所有技術建議和標準，實行標準化設置，但韋斯頓還是依據當地情況重新設計了廚房和設備，以適應當地市場的標準。

很快，在日本當地員工的共同努力下，肯德基的經營狀況逐漸好轉。到 1972 年年末，日本肯德基公司開設了 14 家新店，大多數設在東京；1973 年，又新增了 50 家，同時業績也出現正增長，首次實現贏利。就在韋斯頓樂觀地預計 1974 年日本肯德基公司將面臨飛躍時，不幸又一次降臨：石油危機嚴重衝擊了日本經濟，日本肯德基公司虧損，需要更多新的資金注入，而且門店擴張也減緩了。韋斯頓感到，他又要重新開始奮鬥了。

1975 年，邁爾斯成為肯德基國際業務部的總裁，他對於海外子公司的發展給予很大的支持和關注，尤其是日本地區成為他關注的重點地區。他開始著實施一項戰略規劃體系，他的很

多想法與韋斯頓的計劃產生了衝突和矛盾。韋斯頓認為邁爾斯的規劃體系包括各種數據的文件過於繁瑣而無用，認為這些都沒什麼意義，只會徒增成本；同時，他還反對總部關於更為專業化的行銷決定，他不願支付這些不必要的錢。

日本肯德基開始堅持走自己的路線，並很快以「QSCVFOOFAMP」作為指導，形成了自己獨特的企業文化。

「QSCVFOOFAMP」這 11 個字母的意義分別為：

Q——高品質；

S——真心服務；

C——清潔的店面；

V——站在顧客立場上所看到的價值；

F——顧客對店面的印象；

OOF——營業、管理的重點；

A——廣告；

M——商品政策；

P——促銷。

事實上，日本肯德基公司當時的情況與美國的形式相比要好很多，速食店以它的品質、服務與清潔而知名，而且公司還有一個具備高度進取心的隊伍。他們不理會美國派來的控制者，學會了在這種情況下生活，填寫計劃、報告。但事實上，戰略規劃實踐確實讓他們開始關注項目和數量的不確實性，這對日本肯德基公司起到了幫助作用，他們把它應用到日本的實踐中。

日本肯德基公司也學會了如何更好地處理與總部的關係，

掌握了遊戲規則，例如像「不要顯現出很大的跳躍」以及「對銷售與利潤進行管理以展示持續的增長」。

總之，日本肯德基公司融合美式的實力主義、合理主義，加上日本的溫情主義、家族主義，使其終於走出最初的困境。1976 年，日本肯德基公司報告了它的再次贏利 1400 萬日元。邁爾斯對全體工作人員表示了熱烈的祝賀。

3.在香港市場

肯德基最初在香港的經營和在日本的遭遇差不多，也充滿了曲折坎坷，而且這一過程一眨眼就是 12 年。從第一次進駐香港到 12 年後再次佔領香港市場，再一次顯示了肯德基經營的頑強性和執著性。

肯德基首度進軍香港速食市場是在 1973 年 6 月，第一家肯德基家鄉雞店在肯德基經營者的再三考慮下，開在美孚新邨。之後在第一家店的帶動下，肯德基以平均每個月 1 間的速度連續開了 11 家連鎖店。但是讓人們想像不到的是，在不到兩年的時間裏，肯德基在香港並沒有風光多久，這些首批進入香港的美國肯德基家鄉雞店又全部停業關閉。人們對於肯德基不倒的神話也開始產生懷疑，同時對它的失敗原因議論紛紛。

據當時有關專業人士分析，肯德基失利的主要原因在於投資者缺乏對香港本土地域文化以及特別的飲食文化的瞭解。首先，雖然肯德基知道雞是中國人的傳統食品，但並沒有進一步瞭解中國人對雞肉食品的口味要求，仍採用同魚肉一樣的做法，以致破壞了中國雞特有的口味，無法得到人們的心理認同。其次，家鄉雞採用「好味到舔手指」的國際性廣告詞，這種廣

告詞並沒有起到正面的宣傳作用，相反也有悖於香港市民的觀念。最後，家鄉雞不在店內設置座位的美國式服務，違背了香港人喜好結伴入店進餐、邊吃邊聊的飲食習慣。所以，在肯德基進入香港的第二年，1974 年 9 月，香港肯德基公司突然宣佈多家餐廳停業，只剩 4 家堅持營業；到 1975 年 2 月，首批進入香港的肯德基餐廳全部關門停業。肯德基首度進軍香港以失利告終，同時帶給了肯德基很多的思考。

1985 年，肯德基在馬來西亞、新加坡、泰國和菲律賓投資成功，取得了巨大的經濟利益。帶著成功的喜悅和在東南亞的經驗，肯德基決心再次進軍「東方之珠」。

首家耗資 300 萬元的新一代的肯德基速食店，於 1985 年 9 月在香港佐敦道開業；緊接著，第二家肯德基速食店也於 1986 年在銅鑼灣開業。但是到了 1985 年的時候，當時的香港速食業已發生了許多新的變化，這時的香港速食業市場佔有率已被本地食品類和麥當勞的漢堡類分別佔去 70%和 20%以上。肯德基則成為新一類的「炸雞專家」，面臨著激烈競爭，要想重新佔據市場已比較困難。吸取第一次進軍香港的慘痛經歷，香港肯德基公司在開業以前，派行銷部門進行了市場調查和預測，結果表現為前景樂觀。肯德基決心開拓這個具有無比誘惑力的市場，只是在市場分析與調查上顯得更為謹慎，在行銷策略上也按香港的實際情況進行了適當的變更：

第一次進入香港時，肯德基派出了一個澳大利亞人，他與一家英資的聯合大企業建了合資公司，並為店址支付了過高的價格。而第二次進入香港，肯德基則把特許權授予了香港太古

集團旗下的一家附屬機構,改變業務擁有權,以獨家特許經營方式取代合資方式。肯德基開出的條件是不可分包合約,10 年合約期滿時可重新續約。特許經營協定內容包括購買特許的設備、食具和向肯德基特許供應商購買烹調用香料。

肯德基在二次進入香港前做了大量的市場調查,並對市場進行了細分,明確了目標市場。這次肯德基將自己重新定位在介於高級餐廳與自助速食店之間的高級「食堂」快餐廳的行列;而顧客對象則確定為 16 歲~39 歲之間的高消費人群,包括寫字樓職員和年輕的行政人員。

不同於 1973 年開業時的大肆宣揚,這一次肯德基公司決定調整市場策略,以適應香港人的社會心理和需求。因而廣告並不作為主攻方向,如:佐敦道分店開業時頗為低調,只在店外拉了橫幅,豎了一塊看板。宣傳方面也是採取低調的手法,只集中在店內和店外週圍推廣,廣告宣傳也於開業數月後停止了。

在產品項目上,肯德基進行一些革新,不再提供標準店鋪的標準菜單。品種上,以雞肉為主,有雞件、雞組合裝、雜項食品和飲品。雜項食品包括薯條、麵包、蔬菜沙拉和玉米。所有雞都是以山德士上校的配方烹調,大多數原料和雞都從美國進口。食品是新鮮烹製的,炸雞若在 45 分鐘仍未售出就扔掉。供應本土化配菜,旨在既迎合香港人追求美式生活的心態,又照顧到香港市民對傳統文化的依戀,恰當地把握了香港速食食用者的具有深層文化背景的消費心理。

在價格上,公司將炸雞以較高的價格出售,而其他雜項商品如薯條、沙拉和玉米等以較低的競爭價格出售。這是因為,

如果炸雞價格定得太低，香港人會把它看成是一種低檔速食食品；而其他雜項食品以低價格出售，則是因為炸雞門店週圍有許多出售同類食品的速食店與之競爭，降低雜項食品價格，能在競爭中取得一定的優勢。

在服務上，肯德基不再採用美國式服務，開始在店內設立座位，並且速食店設計高雅，改變了整體形象。這迎合了港人喜好結伴進店進餐、邊吃邊聊的飲食習慣。

肯德基在香港還制定了一則粵語廣告，放棄國際性的統一廣告詞「好吃到舔手指」，改為帶有濃厚港味的「甘香鮮美好口味」。因為在深受儒家文化影響的香港人觀念裏，舔手指始終是不衛生的表現。

肯德基公司的行銷人員對此次調查做出的結論是：1973年肯德基在香港的失敗仍然嚴重影響著消費者對肯德基的看法，但隨著時間的流逝以及炸雞影響的擴大，消費者的這種印象會逐漸淡化。

肯德基公司針對調查結果，對行銷策略又進行了一些改變，如增開新店時，儘量開設在人流較大的地方，以方便顧客；同時擴大營業面積，改變擁擠的狀況，以及增加菜的種類等。

肯德基公司的行銷策略的調整收到了良好的成效，家鄉雞這類產品吸引住了顧客，肯德基很快立足並佔據了香港速食市場。在不到兩年的時間裏，肯德基家鄉雞在香港的速食店就發展到716家，佔該公司在世界各地門店數量的1/10強，成為香港速食業中與麥當勞、漢堡王和必勝客並立的四大速食食品之一。

4. 在台灣市場

與肯德基拓展香港、日本的艱難歷程相比，肯德基在台灣的發展還是較爲順利的。這主要得益於肯德基一直致力於爲消費者提供高品質的餐飲、最親切的一流服務及良好的用餐環境，而且台灣民衆也較容易接受新鮮事物。因此，在肯德基進入台灣不久，便成爲了消費者心目中最喜愛的速食品牌。

肯德基於 1984 年 7 月 1 日進入台灣，比肯德基進軍中國大陸市場早了兩年。進入台灣市場，最初由統一企業公司與日本三菱株式會社及三和株式會社共同出資。一年後，台灣第一家肯德基餐廳在台北市西門町成立。

1996 年，爲了使得肯德基的經營方式順利轉軌，美國百事集團開始以直營與加盟的方式雙軌拓展營業據點，進一步奠定了肯德基在台灣速食業的地位。

2001 年，肯德基原加盟體系(台灣山德士股份有限公司)加入百勝餐飲集團旗下，肯德基的業務流程更加具有規範性，規模也越來越大

2001 年底，肯德基開始開放在台灣的個人加盟條件，一時間肯德基在台灣遍佈開來。至今，肯德基已經在台灣擁有 130 家直營店、2 家加盟店，並已僱用 5000 多名員工，爲更多消費者提供優質服務。

在台灣的肯德基品牌，原來是歸屬在兩個管理體系之下的，一個是原本就掌有肯德基經營權的百勝餐飲集團，另一個則是肯德基在亞洲的最大加盟公司——香港 Wybridge 公司旗下的台灣山德士公司。百勝餐飲集團與山德士公司分別擁有總店

數的 60%及 40%。

　　儘管兩家公司經營肯德基，但是對消費者而言，根本毫無差別。因為無論產品、店面設計，甚至促銷方案，這兩家公司的經營腳步都一致，所以很多人都不知道，原來肯德基有兩家公司在經營。

　　那麼，肯德基原本就是百勝餐飲集團旗下的經營品牌，為什麼在台灣地區卻有高達 40%的門店分屬於加盟的山德士公司？

　　當時台灣的肯德基餐廳已經由統一集團代理經營了 10年，到了該續約的期限。進行續約談判時，由於統一集團不滿百勝餐飲集團想要調高代理品牌的權利金，加上美國肯德基總部強行要求統一集團每年至少要有 25 家新門店開張,於是統一集團最後決定賣掉台灣肯德基的經營股份。但是由於對與百勝餐飲集團之間洽談的價碼也沒有共識，才後來轉而賣給 Wybridge 公司。但是百勝餐飲集團卻不願意放棄台灣市場，又在台灣地區成立肯德基直營公司，這就是肯德基在台灣擁有兩個經營團隊的原因。

　　但是兩家公司共同經營一個品牌是很沒有經營效率的，兩家公司必須對每個決策進行溝通並達成一致意見，這樣的做法既費時又費力，長此以往，不利於肯德基品牌的正常發展。於是百勝餐飲集團和 Wybridge 公司僅經過協商,最後決定把肯德基的經營權交由一家公司統籌。這樣，在 2001 年之際兩家公司合二為一。由於公司合併，肯德基也因此裁了 50 多位主管。

　　合併後，肯德基改變了過去由於經營權分散而導致在台灣

發展緩慢的局面，努力加速當地市場的開拓，希圖超越麥當勞，
成為台灣西式速食業的第一名，肯德基在台灣當地市場的擴張
指日可待。

目前，肯德基已經成功地確立了其在全球速食業中的地
位。這一切主要憑藉的是肯德標準化的運營管理方法、本土化
運營策略以及較強的危機處理能力。肯德基必將帶領世界速食
業的潮流，也將影響速食業的發展。我們有理由相信肯德基將
進一步取得成功。

5.在中國大陸

肯德基在全球的擴張，不能不提在中國內地的進展。由於
中國經濟的飛速發展，人們消費水準不斷提升，肯德基在中國
市場取得了飛速的發展。目前，肯德基中國市場是肯德基全球
市場中經營得最好的市場，中國市場也是肯德基全球戰略中最
重要的一塊。

從 20 世紀 80 年代初開始，中國便開始致力於改善投資環
境，以吸引外資，並逐漸形成了一個良好的投資內部環境。與
此同時，肯德基通過週密的調查也認為中國已經具備了良好的
投資外部環境。因此，1986 年 9 月下旬，肯德基開始考慮打入
人口最多的中國市場，挖掘這個巨大市場中所蘊含的巨大潛在
商機。

肯德基的中國之行始於一個叫王大東的華人。王大東始終
堅信美式速食在遠東市場有著巨大的潛力，而且中國當時正處
於改革開放快速發展階段，消費力和消費觀念正在處在變革的
時期，美式速食如果能適時打入，必將受到中國人的追捧。1985

年，王大東寫信給肯德基總經理邁耶，力圖說服邁耶其時正是積極打入中國內地市場的有利時機。邁耶對王大東把肯德基引入中國大陸市場的建議很感興趣，開始萌生開發中國大陸市場的念頭，1986 年 4 月，邁耶決定採取行動，改組肯德基東南亞地區辦公室，買進在新加坡的全部特許經銷權。

由於托尼對中國內地市場的瞭解和熟悉，以及他的遠見性，擔任了肯德基中國區經理；而開拓中國市場的重擔，自然而然地落到了王大東身上。邁耶委以王大東重任也是經過一番考慮的：一是因為王大東曾在肯德基擔任重要的職位，具有豐富的管理經驗，可以完全信任；二是王大東是華人，能講標準的普通話，有利於談判磋商。因此，王大東被任命為肯德基東南亞地區副總經理，承擔了為肯德基拓展中國內地這個市場的歷史重任。

王大東受命到中國後，就積極思考怎樣開拓中國內地這個巨大潛力的市場。受到當年與一家天津當地合夥人創辦合資中國餐館的鼓勵，王大東開始考慮在中國主要地區轉讓特許權。然而邁耶對他的提案還有很多牽掛和憂慮：國際市場經驗表明，依靠出讓特許權是很危險的，而中國市場又太具有戰略意義，授予特許權還會危害肯德基今後向中國其他地區發展的能力。邁耶喜憂參半，想法是：中國大陸這個市場「太重要了，以至必須作為公司的重要業務加以開發。」但是由於肯德基缺乏在中國市場投資的經驗，對中國缺乏瞭解，諸多難題使得肯德基這家世界上數一數二速食企業的決策者們猶豫不決，難以決定如何進行。

隨後，王大東決定對中國內地市場進行更全面、更徹底的調查，並開始著手解決「第一家肯德基店址應當選在何處」這個首要的問題。因爲這一決策決定著肯德基今後的贏利，以及其在中國其他地區的進一步開拓程度，所以托尼首先需要做的是在中國內地選擇一個具有代表性的地點，以評估在中國發展的機遇與風險。

店址對於經營速食企業來講是至關重要的。如何能快速選定合適門店的位置，使王大東又一次陷入了困惑。因爲地點的選擇對於一家企業，尤其是餐飲企業來講真是太重要了。地點如果不好的話，將直接影響消費者的就餐數量和聲譽的擴大，同時對於在中國的擴張和標誌作用都將不復存在。

擺在王大東面前的有四個選項：天津、上海、廣州、北京。這四個城市作爲中國具有代表性的城市，似乎都有自己獨特的優勢，同時也存在著自己的劣勢。例如天津作爲中國較早的直轄市而言，儘管有許多優勢，但是人們流動率低，餐飲管理人員較少；而廣州位於中國大陸的靠南端，生活習慣上不具有代表性和普及性；上海則是競爭相對激烈，尤其是餐飲行業，將是更爲殘酷的地方。

經過幾番權衡，考慮到北京有許多現代化酒店、大量的流動人口和在全國的形象，所以托尼決定把北京作爲起點。在選定北京作爲肯德基在中國內地的第一家門店店址之後，他就開始尋找潛在的當地合作夥伴了。

1987 年 11 月 12 日，肯德基在北京前門繁華地帶設立了在中國內地的第一家餐廳，當年北京肯德基分店的人流量達 1700

萬人次，居當時肯德基全球 7700 家分店之首，成爲特許經營分店效益最好的一家。北京肯德基在開業不到 300 天的時間裏，贏利就已達 250 萬元，原計劃 5 年收回 100 萬美元的投資，一年半即可還清。餐廳整天顧客盈門，最多一天接待了 8000 人，售出炸鷄 2300 只，座位週轉率達一天 16 次。

初戰告捷給了肯德基莫大的鼓勵，之後，肯德基在中國內地不斷加大投入力度，擴大門店數量。目前，肯德基在中國 450 多個城市擁有 2600 多家連鎖店，是其競爭對手麥當勞的兩倍。如今的肯德基不僅經營狀況超乎想像的好，而且獲得了極高的社會聲譽。

從目前來看，肯德基的「冒險」之旅獲得了巨大的成功。1999 年根據全球著名的 AC 尼爾森調研公司的調查問卷顯示，最早進入中國內地市場的西式速食——肯德基，因其獨有的美味和品質，被中國消費者公認爲「顧客最常惠顧的」品牌，並在中國名列前十個國際著名品牌的榜首。中國人對肯德基的認知程度也遠遠高於國內其他企業，2002 年中國人對肯德基的認知程度達到了 100%。肯德基終於登頂中國餐飲市場寶座，並延續至今。

2009 年，肯德基在中國內地第 2600 家新店舉行開張儀式。受大環境的影響，2009 年是連鎖企業經營遇到重大困難的一年，一些連鎖企業面臨開支緊縮、銷售下降等困難。但百勝餐飲集團逆市而上，敢於在市場的相對低潮期，繼續加大投資力度，在「彎道加速」，體現了一種不凡的經營理念和投資眼光。

肯德基剛來到中國時，由於供應鏈打造困難，肯德基也沒

有辦法提供更多的產品。前門店剛開業時，餐廳售賣的品種其實非常簡單，只有原味雞、雞汁土豆泥、菜絲沙拉、麵包、可樂、七喜、美年達、啤酒 8 種產品；兩年以後，才有漢堡上市。

當時一塊原味雞售價人民幣 2.5 元，相對於中國當時的消費水準，可以算得上高消費，不少家庭要攢上一個月的收入來嘗一嘗肯德基。1987 年，中國普通幹部的月工資收入不過 100 元，而在媒體上，關於洋速食該不該在中國迅速發展的爭議也不絕於耳。當時的肯德基，只不過由於新鮮吸引著中國人，與中國人的真實生活，還隔著遠遠的距離。

但是，花幾十元就可領略一下我們稱為的「西方生活方式」，這種有意無意的商業噱頭或自我暗示，對於長期與消費享受絕緣的中國人顯然頗具吸引力。那怕只是一個小洞，洪水都會最終洶湧而出，肯德基相信美式速食的好日子很快會來到。他們猜對了。

從在北京前門那條長龍中等候近一個小時購買一塊原味雞，到 20 多年後中國滿大街 1400 多家店，今天的顧客們一邊啃著漢堡一邊抱怨著這東西的高脂肪和高熱量，肯德基這類速食食品早已經沒了什麼文化和身份標籤，而成為中國人城市生活的一部份。

連鎖秘訣 2：全程細節標準化

　　細節決定成敗，對於企業來說也是如此，尤其是在企業間競爭越來越激烈的今天，企業已經很難再形成獨特的差異化優勢。要想比競爭對手做得更好，只有從細節著手，從細節之處體現出企業產品的優良品質或高水準的服務。很多企業利用細節出口碑、細節出真情、細節出效益。

　　肯德基之所以比其競爭對手做得更好，細節化的管理是一個非常重要的原因。肯德基不放過食物製作以及餐廳服務的每一個環節，對其中的每一個細節都要求非常嚴格。正是對於這些細節的嚴格掌控，才保證了肯德基產品的美味以及服務的完美。

　　肯德基每一個餐廳運作的細節都有詳細的操作守則，細到每天開店前多少分鐘應該開那些燈，甚至開每個燈的先後次序。正因為所有肯德基餐廳員工的餐廳操作標準及程序是統一的，並且已經規範化、制度化到最細微的細節，再加上對員工的選取及培訓的嚴格，因此，無論顧客走進那個城市的那家肯德基餐廳，食品、服務及用餐環境的感覺基本上是一致的。

1.開發標準化

　　科學的開發系統。新餐廳的開發工作由總經理掛帥，開發部經理牽頭，財務、營建、營運等部門經理參加。選址決策一

般通過地方公司和總部兩級審批制，從而確保科學決策。開店小組定期召開會議，根據開發進度開展相關工作，研究解決方案。選址分三步進行：首先是市場調查，進行「開發網路規劃」，確定優先順序；其次是劃分與選擇商圈，根據商圈的穩定度、成熟度和市場定位確定開店重點或主要目標；再次是聚客點的測算與選擇。

肯德基制定了整套的開發手冊，對過程中的不同階段和環節都有各種表格與數據供開發人員對照使用。

2.原材料選擇標準化

肯德基的非常詳盡且可操作性極強的細節化典範——「冠軍計劃」，不僅僅是肯德基的行為規範，更是整個企業的長遠發展戰略。從「冠軍計劃」中可以看出，肯德基煞費心機地在細節上運用科學手段，如，肉雞的大小要合乎標準，於是「分雞磅」將體重為 1.13～1.23 千克的雞挑選出來，然後由電腦控制的機器把肉雞切成大小都有標準的九塊。

3.裝修設計標準化

在肯德基，顧客就餐的座椅也有講究，不但要讓人坐著舒適，又把靠背設計成硬而微矮，以避免顧客坐的時間過長。

從肯德基店門看，統一的店面設計，永遠是那個和藹可親、笑容可掬的老頭迎接你，這是這家美國百年企業的標誌系統。看到這個老頭，就會讓你感覺到肯德基的賓至如歸。到了肯德基的門口，它的排水溝與眾不同，有兩道防線，儘管門口在低窪處，但絕不會讓雨水湧入店中。店門口，門外面貼的是「拉」字，裏面貼的是「推」字，兩重門，依次推開，方便顧客提著

食品出門。員工個個穿著短袖工作衫，儘管在隆冬時節，仍然精神煥發、如沐春風，絲毫沒有寒意。這就讓人覺得奇怪了，我們穿著厚厚的冬衣，並不覺得燥熱，他們穿著夏天的衣服，也不覺得寒冷，四季如春在肯德基似乎成了最自然不過的一種狀態。

肯德基餐廳室內、室外設計因不同的餐廳規模、位置、顧客對象而採取不同的設計規格是另一個「因地制宜」的例子。例如，一家坐落在兒童眾多的居民區的肯德基餐廳在設計時就一定會有「兒童區」作為兒童生日餐會及其他兒童活動的區域，另外還會設計兒童遊樂區，包括各式各樣的玩具設備如滑梯等；而坐落在大城市辦公區的餐廳則在設計時會更注意柔和的色彩、摩登的形象、寬敞的空間等。

經常帶孩子去麥當勞、肯德基等一些快餐廳的家長可能早就注意到，這些地方的洗手間很有趣味性——洗手的地方都有高低兩個洗手台，小朋友們在用餐過程中要洗手就不用家長陪同或抱起來，小朋友可自己完成；而國內的餐廳很少能滿足消費者的這種細膩需求，這不僅僅是因為孩子去中餐廳的機會少於去西餐廳。

4. 食品品質標準化

食品品質標準化重點控制三個環節：一是原材料品質關。從品質、技術、財務、可靠性、溝通五個方面對供應商進行星級評估並實行末位淘汰，堅持進貨索證，從源頭上控制產品品質。二是技術規格關。所有產品均有規範和數字化的操作生產程序。如「吮指原味雞」在炸制前的裹粉動作要按照「七、十、

七」操作法嚴格執行等。三是產品保質期。如炸雞出鍋後 1.5 小時內銷不出去，就必須廢棄；漢堡的保質期為 15 分鐘；炸薯條的保質期只有 7 分鐘。

肯德基有一整套完善的營運操作和管理系統，無論是新招募進的普通員工還是見習助理都必須進行工作站的系統培訓，在培訓中訓練員始終強調的就是操作標準，唯有每個環節都按標準操作，才能保證顧客吃到健康安全的食品。操作標準涵蓋了生產環節的方方面面，從原材料的保質期，到半成品的醃制，裹粉烹炸到成品的製成和保鮮……如果那一個環節出現紕漏勢必影響整個食品製作的安全。可以這麼說，操作標準就是肯德基的生命。

5.服務標準化

肯德基強調服務是產品品質的延伸，時刻注意讓顧客感受到服務員的熱情禮貌和週到服務，以及充分體驗被肯德基尊重的感覺。肯德基把是否具有微笑服務意識當作錄用員工的重要考核內容，並對新員工進行近 200 個工作小時的培訓，確保員工擁有高水準的服務意識和服務技能。

6.清潔衛生標準化

在清潔衛生工作上，肯德基有一套嚴格的、完整的制度，每一位餐廳的工作人員都會負責一項特定的清潔工作。而值得一提的是，肯德基有一種傳統習慣，就是肯德基的每位員工都會隨手清潔環境,自覺地給每位顧客創造一個美好的用餐環境。

洗手時，暖暖的水流讓人舒服，孩子洗完手還沒吃一口飯就又吵著去洗手,洗手仿佛也成了一種遊戲(良好的生活習慣原

來是可以這樣養成的）。洗手時，孩子小，蹲在洗手盆邊把洗手
台弄得到處都是水和泥，在別處，保潔大媽早就嘮嘮叨叨了，
這裏，一個穿工作衫的肯德基員工迅速清理完畢，沒有說一句
話或表示任何不滿，就到別處忙去了，仿佛這一切從來沒有發
生過。洗完手，2 歲的孩子就自己去安裝在低處的乾手機那裏
吹手，這時又發現：原來洗手池和乾手機牆壁區域用的瓷磚都
是特製的，牆磚上的紋理是水珠樣的，讓人不易察覺水珠濺在
了牆上。細微之處見工夫，連這樣的細節都考慮到了，這樣的
企業能不成功嗎？！肯德基的洗手間成為消費者的首選，它的
設備沒有一絲豪華的痕跡，它的空間甚至非常狹小，但是它乾
淨。最難能可貴的是，不管顧客再多，生意再忙，肯德基餐廳
的員工也不會忽略洗手間的清潔，更加勤奮地打掃。這不但歸
功於員工的訓練有素，做事認真，管理嚴謹，同時也歸功於一
個詳盡、明確的餐廳運營管理系統及程序，包括餐廳員工清掃
洗手間的時間表及操作守則。

7. 採購標準化

人們都知道，食品的風味與採購的原材料有很大的關係。
在採購雞類食品方面，肯德基有一系列嚴格的評估標準，而且
非常精細，如對雞飼料的堆放方式、對飼養棚燈泡的防爆罩安
裝等。

肯德基產品的高品質源於供應商所提供的高品質貨源，而
對供應商和供貨品質的管理又是通過星級系統來完成的。

8. 經營標準化

肯德基不僅在採購上有系統保障，從選址建店、餐廳服務、

人員培訓、廣告促銷、烹製操作整個營運管理靠的都是細節嚴密的系統運作。正是由於這種系統性的運作，才保證了肯德基卓越的品質。而肯德基為了追求這種卓越，也不惜代價地把所有的工作標準化到每一個微小的細節上。

連鎖秘訣 3：肯德基的標準化服務核心

一家企業要高速發展，除了有足夠的資金支配，更要有一個值得「複製」的標準，這就必須建立一套完善的標準化管理制度，然後再維護這些制度的執行。

在今天的速食企業中，標準化的作業流程，的確讓員工的一舉一動變得像機器那樣精確。

服務行業無小事。無論是食物品質、服務態度，還是餐廳氣氛，都會影響顧客對餐廳的價值判斷。作為特許經營企業肯德基來說，它的生命線和參與競爭的資本就是其高標準的服務品質。因此，肯德基塑造了具有服務意識導向的、強有力的企業文化，在使員工接受了肯德基的組織文化的同時，也讓他們把包含各種細節的規章制度深深記在心中，之後體現在行動中。

肯德基是世界最大的炸雞速食連鎖企業，其標記 KFC 和一身西裝、滿頭白髮及山羊鬍子的山德士上校形象，已成為肯德基國際品牌的最佳象徵。

在服務方面，肯德基也擁有一個全球推廣的完美服務方

案，即「CHAMPS」（冠軍）計劃：C(Cleanliness)，H(Hospitality)，A(Accuracy)，M(Maintenance)，P(Product Quality)與 S(Speed)。

肯德基認為服務行業無小事，在計劃的制定上有著非常詳盡、操作性極強的細節，無論是食物品質、服務態度還是餐廳氣氛，保證了肯德基在世界各地每一處餐廳都能嚴格執行統一規範的操作，從而保證了它的服務品質。肯德基這種對細節的重視程度就是企業基礎管理技術高低最務實的反映，也是中式速食與洋速食的差別所在。「冠軍計劃」可以說是肯德基獲得令人矚目的業績的企業精髓之一。

1. C：環境整潔優雅

美味的食品、潔淨優雅的就餐環境和溫馨的服務是一家成熟的餐飲企業必不可少的經營要素。肯德基之所以能獲得第一速食品牌稱號，得到眾多消費者的認可，除了標準化、美式食品本身的品質，整潔優雅的就餐環境更是肯德基制勝的重要法寶。

一進肯德基餐廳，其色調明快的裝潢、輕柔悅耳的音樂、窗明几淨的店堂和體貼的服務使得顧客身心愉悅、心情放鬆。肯德基餐廳，從佈局到燈光乃至洗手間等配套設施，事事替顧客想得週到，處處透著溫馨的氣息。顧客可以輕鬆享受地用餐，甚至可以在餐廳娛樂、做作業、談生意。置身於肯德基的任何一家分店，你都能感覺到那種無處不在的怡然自得。

⑴整潔

在衛生條件方面，肯德基確實做到令人無從挑剔，使消費

者「買得放心，吃得放心」。對於這一點，肯德基主要依賴一套標準化清潔制度——「隨手清潔」，徹底貫徹於每一個細節中。肯德基將清潔的責任細化，落實到每一位工作人員，保證餐桌的隨時乾淨。即使是廁所的清潔衛生，也因肯德基服務員的一絲不苟，讓顧客賞心悅目。同時，肯德基制定了一套日清潔、月清潔機器設備清單，標準簡單明瞭，便於清潔人員操作。

肯德基的清潔工作是按照規範化的程序進行操作的。肯德基的清潔工作必須履行「四步清洗法」，即：刮、沖、擦；用洗滌液清洗；用清水沖洗；消毒。例如擦樓梯，員工每天開業前就蹲在地上用小毛巾先放洗滌劑擦，然後再用清水擦，而不是直接用拖把拖樓梯，以免有些角落清掃不到。

為了提高肯德基餐廳的衛生狀況，肯德基公司每年都要舉行一次「白手套獎」的評選活動。全美國所有的肯德基零售店都參加競爭。「白手套獎」是一塊閃閃發光的牌子，上面寫著：「本店是最清潔衛生的商店」。頒發『白手套獎』的目的就是要讓所有的肯德基炸雞店變成當地最乾淨的食品店，而且要成為顧客公認為最衛生的食品店。」

榮獲「白手套獎」絕非一件容易的事：首先，每家炸雞店必須接受兩次嚴格的衛生檢驗，而且兩次檢驗的間隔要超過60天；其次，炸雞店的衛生程度須高達 95%以上，並且對於一些主要食物，還要送交具有權威性的、獨立的實驗室去化驗，以確定細菌的含量。為了確保「白手套獎」的品質，公司還經常派代表檢查各地的炸雞店，對於低於「白手套獎」的標準或顧客反映衛生品質差的，公司就會立即收回獎牌。

肯德基不僅將「白手套獎」作為一個改進環境衛生狀況的手段，還借助這一比賽吸引顧客的注意力，向消費者宣傳。設計者非常巧妙地抓住顧客共同的心理，突出宣傳產品製作和銷售過程中的清潔衛生。肯德基選取了「白手套」作為自己的形象，能自然而然地喚起顧客清新潔淨的感覺，而且每次「白手套獎」的頒獎典禮異常隆重，到處張貼海報，散發宣傳品，邀請官員及社會名流參加，特別能夠引起公眾矚目。

⑵優雅

肯德基在全球的經營過程中，已經牢牢坐到速食業的「寶座」，在全球的銷售量一次次快速增長，並在與麥當勞爭奪顧客的過程中，得到了眾多消費者的認可。肯德基所依靠的不單單是標準化、美式食品本身的品質，色調明快的裝潢、輕柔悅耳的音樂、窗明几淨的店堂和體貼的服務、優雅的就餐環境也是肯德基制勝的重要法寶。

人們在餐廳用餐時，不僅在乎食物是否美味可口，同時也非常重視用餐時的感受和體會。而在肯德基用餐，不僅可以達到果腹的目的，還可以放鬆心情，身心愉悅。這也是為什麼我們總是可以看到很多人在肯德基聊天、看書，甚至做作業的原因。這一切都來自於肯德基精心營造的良好就餐氣氛和環境。

肯德基事事替顧客著想，力求在全世界的各個肯德基餐廳都營造出溫馨的氣氛。它的定位是肯德基不僅僅是消費者用餐的去處，同時也是會朋晤友、追求身心的放鬆、產生心靈交匯的地方。

因此，肯德基的裝潢別具一格，給消費者愉悅的感覺。肯

德基裝潢遵循色調明快的基調，使顧客一進入就有舒適、食慾強烈的感覺，同時配有輕柔悅耳的音樂、窗明几淨的店堂，使得顧客身心愉悅，心情放鬆。肯德基餐廳的地板別具一格，餐桌古樸雅致，窗戶乾淨明亮，燈光柔和美妙，每一個細節都創造出了一種溫馨明快的氣氛，從而使顧客覺得在肯德基用餐是一種精神享受，是一種時尚，也是一種品位的象徵。

　　肯德基不僅僅通過餐廳的裝潢設計來營造溫馨、輕快的氣氛，還通過細緻、體貼的服務給顧客帶來溫馨的感覺。肯德基突出微笑服務，要求員工必須學會在恰當的時候，以正確的招呼用語接待顧客，體現出一種親切和溫情。肯德基訓練所有員工見了顧客一定要微笑，而且微笑一定要自然，要熱情洋溢。所以，只要顧客踏入肯德基餐廳，就會有熱情禮貌的服務員笑臉相迎。笑容是肯德基的招牌，這種笑容來自肯德基員工真誠的內心。只要顧客站到點餐台前，服務員就會很親切地問道:「歡迎光臨肯德基，請問您要點什麼？」員工身著制服微笑地教孩子們唱歌、做體操、做遊戲。面帶微笑的員工還會幫助老人順利完餐等。這些都源於肯德基標誌形象的微笑，這一切都是圍繞著它的品牌內涵所帶來的一種文化。所以很多人會說，去肯德基也是去品嘗一種文化。

　　肯德基在餐廳的內部佈局上，為顧客創造了最大的個人空間，使顧客能夠享受到與朋友聊天時的寧靜與自由。與麥當勞相比，肯德基多了幾分寧靜，少了幾分喧鬧，也正是因為這一點，肯德基吸引了眾多年輕人的光顧，他們願意到肯德基享受寧靜的氣氛，和朋友一起談心、聊天而不被打擾。一位顧客曾

在報上公開聲稱:「我喜歡肯德基,因為肯德基的佈局合理、舒適,你盡可慢慢地享受用餐的樂趣,而不受別人的干擾。在肯德基店裏,每一張桌椅的設計都十分講究:或倚窗、或繞牆,這裏轉個彎,那裏圍成一圈,即使是中間的座位,也盡可能形成一個獨立的天地。座位與座位在佈局上的獨立性,令你在有限的空間裏享受到最大的個人自由。」

從佈局到燈光,從氣氛到配套設施,從服務態度到購餐,無不體現著肯德基的基本思路,它帶來的溫馨氣息也使其走得更遠。目前,肯德基既是商務人員溝通交流的地方,也是青年人交流感情的場所;既是孩子們縱情自娛的地方,也是老人們看報紙放鬆的地方。

2．H：接待真誠友善

「101%的顧客滿意」是肯德基在服務方面提出的戰略性口號。肯德基真誠地希望顧客在自己餐廳所得到的接待與服務要多於顧客希望得到的。為此,肯德基要求餐廳工作人員要有敬業精神,真誠友善地接待顧客,為顧客提供細緻入微的服務,使顧客感受到家庭般的溫馨、舒適。

肯德基為與父母同行的嬰幼兒備有專用桌椅,並開闢了「肯德基兒童天地」。顧客無須為找調料、餐巾紙等雞毛蒜皮等小事費神,從而充分享受美味的食品和完善的服務帶來的無窮樂趣。

這些服務細節體現了肯德基服務的真誠、圓滿與感人。正是有了真誠友善的接待,正是這超乎尋常的 1%服務,才使每天光顧肯德基的顧客都滿面笑容。

⑴**實現顧客的 101%滿意**

　　肯德基的服務宗旨是「101%的顧客滿意」。之所以是 101% 而不是 100%，這多出來的 1%意味著顧客在肯德基所得到的接待與服務要多於他原來希望得到的接待與服務。這 1%如何來實現？

　　服務最終要由員工來實現，因此，肯德基要求其員工要有敬業精神，把顧客當作上帝，真誠地與顧客交流，及時、儘量地滿足顧客提出的要求，為顧客提供細緻入微的服務，使顧客感到在肯德基就像在家一樣溫馨、舒適。肯德基還要求員工要把自己的工作當作一種職責，一種樂趣，而不僅僅是工作，這樣才能保證員工服務於顧客的熱情以及親切感。

　　這 101%的服務體現在細節上。所謂細節服務，指超越一般行業標準，由企業特別提供的，與產品使用直接或間接相關的服務；是一種超常規的個性化服務；是一種涉及企業經營的每一方面並貫穿整個經營過程的服務。細節服務正是肯德基在競爭激烈的餐飲業克敵制勝的法寶。

　　小事成就大事，細節成就完美。細節就像每一條樹根，每一片樹葉，沒有根，沒有葉，何為大樹？企業服務水準的高低，其為了給攜帶嬰幼兒的父母提供方便，肯德基專門備有小孩子桌椅，開闢了「肯德基兒童天地」。顧客根本不需要為找調料、餐巾紙等雞毛蒜皮的小事費神，唯一需要做的是充分享受美味的食品和完善的服務帶來的無窮樂趣。

　　生日餐會是肯德基的一大特色。為了使工作繁忙的家長們能夠給孩子們過一個有趣的生日，而且既可以使家長省心滿

意，又可以讓孩子們在生日裏玩得開心，肯德基在全球開始推行兒童生日餐會。肯德基會給當日的小壽星在餐廳內點歌、供他們玩耍、提供特殊服務等，真正滿足他們的要求。

肯德基爲什麼會在持續兒童市場上大花精力呢？在目標市場的選擇上，肯德基以家庭成員爲主要目標消費群而其推廣的重點是較容易接受外來文化、新鮮事物的青少年，所有的食品和服務環境設計都是就此而設定。通過小孩子喜歡吃肯德基，從而吸引家庭所有成員到店中共同就餐，等孩子長大了，肯德基就可能會變成他們生活的一部份。體現出了「對餐廳的喜愛要從娃娃抓起，抓住娃娃的心，才能擁有未來數十年以至更多年的市場！」的經營理念。

再如，對於消費者的疑問或者不懂之處，肯德基員工會耐心地給予解答，如果實在不懂，肯德基員工還會請並不繁忙的工作人員幫助詳細解答。這樣既解決了消費者的疑問，又使得肯德基員工的效率不斷提高。

員工的服務除了做到公司要求的之外，還要根據實際情況，幫助每一個需要幫助的顧客。例如，如果顧客希望肯德基提供送外賣的服務，員工會滿足顧客的需求。再如，有一位90多歲的老爺爺，每逢週一、週四，他都要到肯德基餐廳用餐。幾次下來，員工們都認識他了，每次都會準備好他愛吃的糖醋醬，他愛坐的靠背椅。每次用餐後，餐廳總會派員工護送老爺爺，幫他叫來計程車。

正是這超乎尋常的1%服務，體現了肯德基服務的真誠、完美，也使來肯德基的消費者不僅得到食物方面的滿足，同時能

充分感受肯德基的超值服務，帶來精神的滿足，身心的愉悅。因此，對很多人來講，肯德基不僅是一個餐飲業的品牌，也是一種文化的品牌，它向人們傳遞的是文化的滲透，情感的交流，更是身心的愉悅。

⑵服務七步曲

在肯德基，服務也是一個標準化和規範化的流程。從顧客開始點餐，到顧客拿到食品，服務人員的整個服務要遵循標準化的服務程序，這就是肯德基的服務七步曲。服務人員必須在一分鐘之內完成服務，同時保證服務的品質。

①熱情問候，歡迎光臨肯德基

肯德基要求員工必須學會在恰當的時候，以正確的招呼用語接待顧客，體現出一種親切和溫情。「歡迎光臨肯德基」是在肯德基聽到最多的問候語，也是肯德基標準的問候語。無論你剛剛進入肯德基餐廳，還是在櫃台點餐，熱情洋溢的服務人員都會用他們真誠的問候感染前來就餐的顧客，給顧客以親切舒適的感覺。例如服務人員會親切地問道:「歡迎光臨肯德基，請問您要點什麼？」「歡迎光臨肯德基」等，這些都是肯德基公司以及員工對消費者的真誠交流以及對消費者的熱誠服務。

②熱情洋溢的微笑

微笑是真誠交流的基礎，它會拉近服務人員和顧客之間的距離，增進顧客對經營者的感情，加強顧客對服務人員的信任，提高服務的滿意度。肯德基非常明白這個道理，強調在服務中微笑的重要性，把微笑觀念輸入員工腦海裏，不斷地提高服務的品質。另外，肯德基在訓練員工微笑時，也有自己的基本原

則。肯德基要求所有員工見了顧客一定要微笑，而且微笑一定要自然，不能做作，要熱情洋溢，體現自己的真誠態度。所以，只要顧客踏入肯德基餐廳，就會有熱情禮貌的服務人員笑臉相迎。笑容是肯德基的招牌，這種笑容來自肯德基員工真誠的內心。

③雙目注視顧客，仔細聆聽

雙目注視對方是交流的方法，也是表明真誠、認真傾聽對方的基本禮儀。肯德基把社交禮儀學很好地運用到自己的商業運作中，不但提高了自己的服務品質，也給精緻的服務帶來了特色。肯德基要求其服務人員在顧客訂餐的過程中必須用雙目注視顧客的眼睛，並仔細聆聽顧客的要求，以表示對顧客的尊重。顧客點完餐後，服務人員會以最快的速度為顧客配餐，再將顧客點購的食物全部拿齊後移交到顧客手中。顧客在用餐的過程中，如果有什麼要求，員工也必須雙眼注視顧客，認真傾聽顧客的問題，高效率地幫助顧客解決問題。

④建議銷售，因人而異

建議銷售也是肯德基的一大特色。當顧客點餐時，尤其是遇到正在猶豫的顧客時，肯德基員工會適時向他們推銷新品。例如當顧客確認選購的食品後，服務人員會向顧客介紹：「肯德基最近又推出了葡式蛋撻和泰妃椰絲蛋撻，您要不要試一試？」或者向顧客推薦經濟實惠的套餐，或向顧客介紹最佳搭配，保證就餐的愉悅性。一般來說，肯德基建議員工不要向顧客推介太多，一般不要超過一項，避免引起顧客的反感。這種銷售方法後來被很多餐飲業吸納，這是店鋪促銷的法寶之一。

⑤**覆述訂餐與找零**

每天到肯德基來消費的顧客非常多，為了確保準確無誤地供應食品，在顧客點餐後，櫃台點餐人員會重覆一遍顧客所選購的食品與數量，例如，「香辣雞腿堡一個，一大包薯條，一中杯可樂，先生/小姐，這是您點的餐，您看對嗎？」

在收款時，肯德基要求服務人員從顧客手中接過支付的金額以及支付零錢時，必須大聲地將各項金額複誦出來。例如服務人員接款時，應說：「謝謝您。總共是 65 元，收您 100 元，找您 35 元。」肯德基要求服務人員在找零錢給顧客的時候，務必清點正確，不可少找或多找。當零錢很多的時候，服務人員會把零錢與發票一起放在託盤內，以免顧客不易拿取。

通過覆述訂餐以及找零等，可以及時發現錯誤，及時更正，這樣既保證了效率，提高了服務品質，也避免了錯誤的發生，減少了損失。

⑥**迅速包裝，熱情服務**

對於在店內用餐的顧客，服務人員會將顧客點購的食物全部拿齊後，用雙手將託盤輕輕抬起送到顧客面前，並有禮貌地請顧客慢用。例如，「先生，這是您點的餐，請慢用！」

如果顧客要求打包外帶，在交付時，服務人員會注意將所有的商品依照種類與數量，分裝在不同的紙袋中。為了避免熱食冷掉，還會在袋口處折雙折。如果顧客點購的數量極多，這時工作人員就會用大塑膠袋把食物都包裝起來。這樣滿足了顧客的不同需求，得到了較高的滿意度。

⑦感謝顧客，歡迎再度光臨

當顧客拿好食品，離開櫃台時，服務人員會真誠地道出感謝的話語，例如，「謝謝光臨，歡迎再度光臨肯德基」「歡迎再度光臨」「祝您愉快」等。此時，肯德基要求服務人員不是機械式地說出這些語句，而是目視顧客並親切地問候，使顧客真切感受到服務人員的誠意。

肯德基要求在一分鐘內完成上述的服務七步曲，如果不是經過了標準程序的訓練是無法完成的。

3. A：供應準確無差錯

每天到肯德基來消費的顧客非常多，有時不免會出現點餐點錯或找零錢時出錯的情況。為了避免這些問題的發生，肯德基要求服務人員在顧客點餐後，重覆一遍顧客所點購食品的種類與數量，如若發現錯誤，立即更正。

對於在店內用餐的顧客，服務人員會將顧客點購的食物全部拿齊後，用雙手將托盤輕輕抬起送到顧客面前，並有禮貌地向顧客說明。例如，「先生，這是您點的餐，您看都對了嗎？」

同時，肯德基要求服務人員在給顧客找零時，一定要做到清點正確。當零錢很多的時候，服務人員會把零錢放在托盤內，方便顧客拿取。

4. M：設備優良統一

計劃週詳的餐飲設備配置、各種設施設備有效地排列，不僅是餐廳成本控制的重要內容之一，也使得員工能流暢工作、顧客滿意而歸，突顯餐廳經營特色、經營檔次。同時也是經營者要營造某種風格的進餐氣氛不可或缺的構件。

肯德基餐廳能在全球得以迅速發展，與其精心設計和選擇
服務設備不無關係。

⑴餐飲設備

以肯德基的炸雞為例，烹製是用特製的氣壓炸鍋進行操
作，這樣細膩的工序使製作出來的雞肉內層鮮美嫩滑，外層香
脆可口，而且不同於其他任何一種口味。鮮美的炸雞再佐以雞
汁、土豆糊、沙拉、麵包等精美小吃及各種飲料，不但營養豐
富，更是獨具風味。同時，由於肯德基炸雞使用的是特製的自
動高速氣體炸鍋，所以就保證了全球肯德基炸雞口味的穩定統
一。

進入 21 世紀後，肯德基開始提供如新奧爾良烤翅、葡式蛋
撻等非油炸類食品，於是肯德基在廚房裏增加了一台烤箱。

這些廚房設備的日常保養是餐廳員工的職責，供應商只是
負責定期安全檢查以及設備損壞後的維修。除了廚房設備之
外，所有的餐廳傢俱、門窗、燈具、冷氣機、兒童滑梯、內外
看板等都需要定期保養和不定期維護。當然，這些維修工作通
常是通過外包給當地的專業人員負責，既能夠提供及時的維
修，又儘量避免影響餐廳的正常工作運行。

⑵收銀設備

肯德基使用的收銀機，是世界上為數很少的幾款，價值非
常昂貴，比一般商場、餐廳用的收銀機高出不只 10 倍。通過它，
餐廳經營者和公司總部，就可以在很短的時間內知道在那個店
裏每個小時有多少人買了多少東西、是什麼，那些東西暢銷，
每小時銷售額為多少，利潤為多少，那一時間段為飲食高峰期

等，餐廳經營者就可以根據收銀機上的顯示做出迅速的判斷，對於銷售額下降、成本提高等問題立即想辦法解決。這對一家企業來講是至關重要的。

肯德基的成功，其中很重要的因素是他們願意投入巨額資金在自己的餐廳設備上。

餐廳收銀機的設置很有學問，在開店時就需要大致預估其營業額從而決定收銀機的配置。在肯德基有營運標準，一個顧客從排隊到開始得到服務的時間必須控制在 5 分鐘以內，超過這個時間就要添置收銀機。目前，大部份肯德基餐廳收銀機的配置都是 6～10 台。

5．P：產品高質穩定

在肯德基，僅標準化手冊就有上百套，從選店、原材料的選購，到產品加工、品質、商標、營運等，都有標準手冊，白紙黑字，每個員工進行任何一項工作都有章可循。公司規定薯條在炸出 7 分鐘後未售出就廢棄，也許 6 分半，7 分半與 7 分鐘差不了多少，但標準只能有一個。所以，對肯德基而言，世界各地，各個店堂只有一家企業的唯一標準。從原材料供應到產品售出，統一的標準、規程、時間和方法，使顧客無論在今天，還是明天，無論在美國還是中國，都能品嘗到品質相同、真正原味的美式漢堡。

速食品質是吸引廣大消費者的首要因素，也是企業立足市場的基礎。速食品質主要表現在用料是否考究、風味是否獨特及製作是否精細等幾個方面。肯德基的獨特風味令世人津津樂道，其色香味俱佳的速食食品讓人喜愛有加，許多消費者特別

是兒童只要去過一回，還想去第二回、第三回，這是因為他們的品質確實讓人無可挑剔。如「吮指原味雞」，之所以取名為「吮指原味雞」，是因為吃這種雞塊時，多汁的雞塊會順著手指向下流，食者會因其特別味美而用嘴將其舔掉，所以得名。而肯德基的目標正是這樣：努力給食者留下難忘的用餐體驗。

除了供應鏈外，餐廳內的食品管理也是決定最終產品品質的另一主要因素。針對每一種產品，每一位廚房員工都必須按照非常明確而嚴格的操作程序，按部就班地進行食品烹飪，不能有絲毫疏忽。所有烹飪完畢的熟食必須存放在熱烘保溫箱中，並在超過規定的最高保存期後丟棄，嚴禁售賣過期產品，以保證最終產品的口感與品質。

⑴**嚴格把關**

毋庸贅言，肯德基高質穩定的產品是吸引廣大消費者的重要因素，也是它立足市場的基礎。肯德基產品不僅用料考究，風味獨特，且製作精細。究其原因，是肯德基在以下幾個環節嚴格把關的結果：

①**嚴格把關供應環節**

肯德基要求採購到的雞必須是符合肯德基國際公司標準的美國「雙 A」雞種，而且必須是在規定飼養的條件下生長了一定週期、重量在肯德基規定範圍之內的仔雞。因此，肯德基對其供應商提出了種種苛刻的條件。如，在雞肉原材料方面，肯德基要求雞的重量、大小、外觀基本一模一樣；翅根、翅中要求必須修剪乾淨、無黃皮、無絨毛等，而且重量要在 28～42 克之間，左右相差甚至不能超過 2 克。人們在肯德基享受到的

美味雞肉就是通過這樣嚴格的篩選製作出來的。

再例如：肯德基規定它的雞只能養到 7 星期，7 星期時一定要殺，到第 8 星期雖然肉長得最多，但肉的品質就太老。

②**製作風味獨特的產品**

肯德基享有「世界著名烹雞專家」的美譽，其獨特風味的雞類食品令顧客情有獨鐘，也成為其發展開拓市場的獨特優勢。肯德基炸雞精選重量相同的肉仔雞，配以 40 種特別香料配方，並按科學計算進行拌粉和烹炸，使用的是特製的自動高速氣體炸鍋，因此烹製出來的雞肉內層鮮美嫩滑，外層香脆可口。

③**食品開發注重營養**

作為成功的速食企業，肯德基也十分注重健康營養產品的開發。隨著社會對營養和健康膳食需求的增長，肯德基不斷變換著自己的食譜，以滿足顧客的需求。

不論是雞翅、雞肉漢堡這些富含人體必需營養成分的食品，還是土豆泥、蔬菜沙拉和芙蓉鮮蔬湯等可口的營養配餐，都非常適合「吃得精細」的要求。

④**積累豐富的產品知識**

肯德基公司過人的食品品質還來自它對自身產品所具備的豐富知識。肯德基擁有 70 年的烹雞經驗，其對雞和炸雞的知識可以說是全世界所有的速食公司中最豐富的了。在肯德基總公司的試驗室裏，每週都有上千隻雞被炸了做試驗，然後被丟掉、為獲得一個更為精準的炸雞出爐時間的數據，肯德基會反覆進行無數次的試驗。最終，肯德基一鍋炸雞的出爐時間精確為 13 分 30 秒。

肯德基炸雞無論在何種情況下，包括大小、用油量、溫度的高低、時間的長短、採用的設備、完成以後的樣子等，每個過程的每一步都是精確試驗的結果。

⑤**嚴格控制食品新鮮度**

肯德基食品的新鮮度也是受嚴格控制的。肯德基的原味炸雞出鍋後一個半小時內味道最純正，過時即遜色。於是肯德基做出規定，食品烹製後一定時間內未賣出即堅決丟棄，如薯條在炸出 7 分鐘後未售出就廢棄；炸雞製成後超過一個半小時，漢堡包超過 10 分鐘也都會被毫不猶豫地扔掉。肯德基規定這些過了一定時間的產品不准廉價處理或給員工吃，違反者，輕則受罰，重則被辭退。對於這一點，很多人不理解，認為棄之太可惜，然而肯德基公司認為在品質問題上不能有絲毫的馬虎，決不能欺騙任何一位顧客。

⑵**標準化保證高品質**

在肯德基每一項工作都細緻入微，每個動作都有標準。就拿做「吮指原味雞」來說，工作之前我們要洗手消毒、戴好無紡布帽和口罩，並系圍裙。準備好炸籃，給油鍋升溫。

首先，將「吮指原味雞」放入抖籃，這是為了看每塊雞肉是否有斷骨、是否帶毛、切割得是否規範，如發現違規情況立刻廢棄。熱後，將抖籃浸水，提起空水 3 秒鐘，抖動 7 次，均勻倒入面盆。撒上麵粉，反覆插入翻起、插入挑起 10 次。將雞塊碼放均勻，撒上麵粉，雙手順時針按壓 7 次，最後一次按壓在中間，雙手各取一塊原味雞，輕輕抖去多餘麵粉，手掌相互輕磕但雞肉不能相撞，最後按標準整理每一塊雞肉，放入炸籃，

請廚房夥伴幫助下鍋，下鍋動作必須在 15 秒鐘內完成。

　　肯德基成功的原因是標準化。中餐菜譜上一般寫著「鹽少許，糖半勺」，這些都是很模糊的詞語，導致後來人或加盟者做出來的東西和開創者差別很大。而肯德基對所有食品都實行嚴格的標準化，即使是一個麵包的製作也會有整整 3 頁紙的標準。

　　肯德基美味可口的炸雞依靠的不僅僅是其獨特的秘方，還有賴於其對品質的高要求以及對標準化的嚴格執行。

　　肯德基的真正優勢在於其產品背後的一套嚴格的管理制度。肯德基在進貨、製作、服務等所有環節中，都有著嚴格的品質標準，並有著一套嚴格的規範保證這些標準得到一絲不苟地執行，包括配送系統的效率與品質、每種作料搭配的精確（而不是大概）分量、切青菜與肉菜的先後順序與刀刃粗細（而不是隨心所欲）、烹煮時間的分秒限定（而不是任意更改）等上百道工序都有嚴格的規定。

① 精選產品的原材料

　　速食品質首先體現在用料是否考究，這是食品是否好吃的首要條件，肯德基非常重視這一環節，其雞肉原料必須符合以下要求：

- 肯德基國際公司標準的美國雙 A 雞種。
- 在規定飼養的條件下生長了一定週期，例如，肯德基規定它的雞只能養到七星期，一定要殺，到第八星期雖然肉長得最多，但肉的品質就太老。
- 重量在肯德基規定的範圍之內的仔雞。

　　因此，肯德基的供應商必須符合肯德基的種種苛刻條件，

如，在雞肉原材料方面，肯德基要求雞的重量、大小、外觀基本一模一樣；重量要在 28～42 克之間，左右相差甚至不能超過 2 克；翅根、翅中要求必須修剪乾淨、無黃皮、無絨毛等。可見，肯德基在產品的原材料方面是很講究的，體現了每一環節的細心。如果本土供應商達不到肯德基所需要的品質標準，那麼肯德基會不惜成本從國外進口。例如肯德基推出墨西哥雞肉捲時，由於肯德基在本地找不到薄薄的「小面餅」供應商，為了統一所有餐廳的品質標準，肯德基不惜一切成本，從國外船運過來。可見，肯德基公司不顧一切也要保障產品品質的宗旨。

②**標準化製作技術**

品味著肯德基美食時，很多人以為，在肯德基的廚房裏，一定有一批中餐那樣技藝精湛、個性各異的廚師，在精心製作肯德基美味。事實上，肯德基的「廚師」的確是技藝精湛，但卻不能有絲毫個性發揮。因為，肯德基強調的是標準化，每一道工序，必須嚴格按照操作流程進行，不得有絲毫疏漏。「標準化生產」的好處顯而易見，可以盡可能把口味控制在統一的標準內，保證所有肯德基店內出品口味、色澤、分量一致的食品。肯德基的每一種產品均有一本厚厚的標準化製作手冊，其規定的細緻和嚴格，令人歎為觀止。例如，食物烹製的時間精確到秒，加多少配料等也有嚴格的規定。

肯德基的標準化烹製方法，是肯德基經過成百上千次的試驗、研究才最終得出來的。肯德基擁有 70 年的烹雞經驗，對雞和炸雞的知識可以說是全世界所有的速食公司中積累最豐富的了。在肯德基總公司的試驗室裏，每週都有上千隻雞被炸了做

實驗，然後被丟掉。例如，爲獲得一個更爲精準的炸雞出爐時間的數據，肯德基會反覆進行無數次的試驗，最終，肯德基一鍋炸雞的出爐時間精確爲 13 分 30 秒。今天的肯德基出售的炸雞包括大小、用油量、溫度的高低、時間的長短、採用的設備、完成以後的樣子，每個過程的每一步都是精確試驗的結果。還有，薯條炸出後，在過濾勺上停留的時間也是經過嚴密計算的，具有統一性。

③食品新鮮度的嚴格控制

肯德基食品的新鮮度也是受嚴格控制的。肯德基公司規定薯條在炸出 7 分鐘後未售出就廢棄；炸雞製成後超過一個半小時，漢堡包超過 10 分鐘，咖啡超過半個小時也都會被毫不猶豫地扔掉，而如土豆糊及沙拉等此類產品，則根據不同的儲存設備設有不同的時間要求。肯德基對於這些被扔掉的東西，從不覺得很可惜，他們認爲，爲顧客提供高品質的食品、新鮮的食品是最重要的，也是肯德基快餐廳一直秉持的觀點，這對於自己長久的發展是最爲重要的。

目前，肯德基擁有許多的產品，以炸雞系列爲主。該系列產品包括原味雞、香辣雞翅、香脆雞腿漢堡、無骨雞柳等，這些產品外層金黃香脆，裏面鮮香可口，令顧客喜愛有加。「烹雞美味盡在肯德基」，肯德基的品質確實讓人無可挑剔，從原材料採購到產品製作、售賣、服務，每一個環節都被表現得淋漓盡致。

6. S：服務快速迅捷

肯德基之所以能夠在全世界迅速走俏，很重要的原因在於

它是「速食」的代表。「速食」是外來詞，英文是 Fast Food，顧名思義，速食最大的特點是快速和大量供應衛生、健康的熟食物，節約消費者的時間成本。對講究時間觀念的現代人而言，是否能夠在短時間內享用到美食，是他們決定踏入店內與否的關鍵因素之一。速食借著它的這種獨特性以及與社會節奏的符合，快速在全世界範圍走俏，成為一種消費習慣和時尚。肯德基正是在這種環境中應運而生，並做到了快速供餐。

在肯德基，從顧客開始點餐，到顧客取到食品，服務人員必須在 1 分鐘之內完成服務。這一切肯德基是如何做到的呢？為了保證速食店的「快捷」名副其實，肯德基實行了許多行之有效的辦法：

肯德基將快速迅捷的服務作為一個整體概念，包括點餐快、交易快和備餐快三個基本服務環節。這三個環節互相促進，並且以餐廳設備、技術的革新和改造等硬體作為後盾，又通過肯德基獨特的服務訓練得以實現。

有些肯德基餐廳在生意高峰時，餐廳內尤其是點餐台前，常常是人潮洶湧。面對這樣經常發生的擁擠情況，如何有效地疏散點餐前的人潮是一個迫切的管理問題。而其中最關鍵的是如何縮減每一位顧客從開始點餐到取得食物所需的時間。不超過 1 分鐘，這是肯德基對所有站在收銀機後面的員工的要求。

為了方便顧客「快速」就餐，肯德基一律採用「自我服務」的方式，即服務人員將收銀、開票、供應食物三個動作集於一身，食物都裝在紙盒或紙杯裏，顧客只需排一次隊，便可將食物自行取走，而此時可口的食物還冒著熱氣呢。

　　另外，廚師技術嫻熟，能在 50 秒內將顧客所需食品做好；服務人員能在最短的時間內將食物調配裝好，這保證肯德基餐廳能夠源源不斷提供新鮮食品。為了加快售貨的速度和餐桌的週轉率，肯德基還要求員工在工作時間全力投入，恪盡職守，不做與工作毫不相干的事情。

　　在 1 分鐘內完成「服務七步曲」，如果沒有經過專業訓練是很難達到的。肯德基員工在上崗前，都要接受嚴格的訓練，使其掌握點餐的基本步驟和操作要點，並在工作中不斷鍛鍊進一步提高服務的速度。

　　與肯德基一樣，全球第一的麥當勞也提倡快速服務，麥當勞的理念是 59 秒快速服務。麥當勞曾經驕傲地宣佈：「在餐飲業，尤其是速食行業，我是最快的！」

　　麥當勞的服務制度規定，從顧客開始點餐到拿到食物離開櫃台的標準時間是 59 秒。為嚴格執行這一標準，麥當勞餐廳還統一安裝了一套店頭銷售系統進行監督。餐廳經理還會經常拿著碼錶在一旁記錄員工的供膳時間。如果時間過長，餐廳經理就會與員工仔細分析服務時間過長的原因：

　　「是不是配膳的時間太多？」

　　「是不是等待顧客開始點膳的時間太長？」

　　「是不是沒有把點膳單放在顧客容易看清楚的位置上？」

　　通過經理的認真指導以及員工的不斷練習和努力，麥當勞公司要求員工儘量把櫃台服務時間縮短到 32 秒。

　　總之，「冠軍計劃」有非常詳盡、可操作性極強的細節，要求肯德基在世界各地每一處餐廳的每一位員工都嚴格地執行統

一規範的操作。這不僅是行為規範,而且是肯德基企業的戰略,是肯德基數十年來在快速餐飲服務經營上的經驗結晶。

連鎖秘訣 4:肯德基店鋪的早班運作

1. 開店準備

對肯德基來說,每天早上的店鋪開店工作是非常重要的,它的成功與否會直接影響到店鋪一天的生意的好壞,所以店長應安排充裕的店鋪開店時間。

店長將自己的車停在員工專用停車場的最裏面,然後走向停車場邊上的辦公室。這時他會順便往店裏看看,確認一下昨天深夜負責店內衛生大掃除和保修工作的工讀生是否將二樓的燈關上、是否將店週圍的垃圾打掃乾淨等。

店長首先要查驗倉庫,主要應檢查紙杯的種類和數量、紙杯蓋和顧客外帶用的餐盒、盤子等,也應檢查常溫保存的罐頭和乾貨等的保管狀態,同時,還應對當天的原材料庫存量進行確認。

為了創造一個安全的飲食環境,保證能夠為來店用餐的顧客提供清潔美味的飯菜,肯德基對店鋪的倉庫保管有一整套嚴格規定,要求原材料必須放在應放的位置、庫存量必須登記清楚、倉庫必須和店鋪一樣保持清潔乾淨。

此時東方漸漸亮起來,時間為 5:30。

　　檢查完倉庫後，店長應與員工休息室裏負責當天店鋪開店業務的另外兩位工讀生相互致意。

　　肯德基店鋪很重視利用一切機會對工讀生進行訓練。店長熟知自己店鋪每一位工讀生的業務水準，會根據當時店鋪的實際需要和在場工讀生的實際水準，在腦子裏構思出幾個訓練方案後，恰到好處地安排工作。考慮到以上兩位工讀生中，其中一位新手已經有過三次店鋪開店業務的經歷，而且前兩次還有工讀生訓練員在場，所以店長今天準備安排他從事別的工作，要他負責櫃台週邊軟冰淇淋機器的組裝。至於另外一位有點經驗的工讀生，則安排他從事難度較大的廚房作業準備。

　　任務明確後，兩位工讀生很快就換上了工作服，而店長也走進了經理辦公室。

　　店長往椅子上一坐，然後從抽屜裏拿出店長日記，開始看了起來。這是一本記載了 10 個月店長業務的店長專用本子，比如那月那日某某 OC(運營顧問)已經來過店裏、今天有一位學生要來店裏面試等內容。

　　接著，店長又朝向 ISP 電腦，流覽起前段時間的資料來。他首先通過「工作日報表(Service Journal)」檢查一下昨天的資料是否已經輸入，並檢查昨天的打烊業務的最後準備工作進展得如何。

　　這時，店長又通過電腦慢慢查看各個商品的號碼、賣出個數、賣出金額、店鋪來客數、顧客單價、每個時間段的銷售額、營業額構成比率、主要食品在庫數、廢棄商品的比率以及水電費、雜費和工讀生的平均人工費、平均創收等資料。店長的這

種流覽作業對及時堵塞經營漏洞，開展經營改革起很大作用。

這時已經是 5：45。

店長在經理辦公室裏查看完資料後，拿著當天的工作日程表離開了辦公室。

2. 衛生檢查

當店長跨進店鋪時，兩位工讀生正各就各位忙碌地做著開店準備工作。

店長首先走向盥洗處，一邊洗著手，一邊環視四週，對洗臉池是否已經擦亮、刷子有沒有洗乾淨、洗手液有沒有放足等各種細微之處進行檢查。

店長洗完手後走進廚房。

這時，從昨晚深夜到今天淩晨一直在進行店鋪衛生大掃除和負責店鋪保修的工讀生跑了過來，報告說全部作業已完成，請店長檢查。

店長把當天的工作日程表往櫃台上一放，開始在店內巡視著檢查起各個崗位來。涉及店鋪保修的檢查工作，保修工必須與店長同行。因為保修工是在其他工讀生都下班的情況下開展工作的，所以他特別應該具備較強的時間觀念和自覺性，以在規定時間內完成規定工作。而對有著豐富經驗的店長來說，只要通過檢查馬上就可以判別保修工的本職工作是否保質保量地得到完成。

店長首先檢查廚房內的地磚、牆壁、各種機器設備的底部及水箱有沒有打掃乾淨；走出櫃台後，又對店鋪地板、柱子、一樓的玻璃窗、大門和天窗進行檢查；另外，通向二樓的樓梯、

垃圾箱、地磚、桌子、隔門、觀賞植物和裝飾品也均在檢查之
列；接著店長走進通道，在對揭示板和衛生間進行檢查後，重
新回到廚房，繼續檢查廚房後院，尤其是那裏的冷凍、冷藏庫
和各種台架等的週邊環境。

　　結束店內的檢查後，店長又來到店外，查看牆邊水溝、廣
告球、露天看板和餐單看板等，並繞著停車場和柵欄走了一圈，
然後遠眺店鋪的外觀，審視宣傳橫幅和店旗。不僅是店長，其
他經理也要經常關心店鋪的整體狀態，如停車場上有沒有垃
圾、員工有沒有按指定位置停放車子、垃圾箱有沒有滿得放不
下、看板有沒有被風雨弄髒、廣告橫幅和店旗有沒有破損、字
看得是否清楚等等。

　　當店長對廚房、店堂和店鋪週邊環境都進行了檢查後，叫
過保修工開始對他的工作情況進行評價。店長對工讀生的評價
經常是在充分肯定成績的基礎上提出不足方面，然後要其立即
改正。

3. 確認準備狀態

　　放在漢堡保溫箱上面的鐘已經指向 6：15。負責組裝機器
的工讀生正在組裝軟冰淇淋機器，他將乾燥了一晚的機器零件
殺菌後，又仔細地用水進行沖洗。冰淇淋機器一旦組裝起來，
軟冰淇淋的品質也就已經決定了，如果要對其品質進行改善，
就必須把機器拆除後重新組裝，所以，如果機器組裝有誤的話，
就會使整個店鋪的營業陷入非常被動的局面，對此組裝機器的
工讀生應該十分清楚。而店長雖然很信任自己部下的工作品
質，但無論從接下來整個店鋪的作業流程還是對乳製品的妥善

處理方面來考慮，最終自己總要進行再次確認。對機器、零件、原材料和操作者的衛生管理也是培訓的重要一課。

開店時間快到了。店長根據店鋪的開店程序，開始逐項進行檢查確認。

店長首先來到果汁桶邊，對果汁品質進行檢查。這時果汁桶裏的果汁如果過少，製作出來的軟冰淇淋會太軟，而如果太多，軟冰淇淋又會變得過硬。

接下來，要檢查的是保險箱。店長先打開保險箱的雙鎖，清點上一天的營業銷售額，再把早餐供應時要用的零錢準備好，然後，在銀行單子上填寫好要存入銀行的現金數量和當天所需要的零錢數量，以便銀行的工作人員隨時都能進行提款和兌換。

店長將供應早餐時所需的零錢取出後鎖上保險箱，將零錢分發到各個收銀台。將紙幣放進收銀台時，要注意按照規定，紙幣的正反面和朝向要一致，這樣就不容易數錯，客人點錢也方便；還有小額錢幣要放在指定位置。

時針已經指向 6：30。接下來，店長要檢查的是廚房作業準備工作的進展狀況，這時最重要的是要確認負責這項工作的工讀生是否根據作業指南進行操作，這是杜絕各種事故發生的關鍵。

6：35，準備給各種煤氣設備點火。在點火前必須注意的是要檢查這些設施的導管能否排氣、各種原材料和器皿是否擺放整齊等。

工讀生在確認了薯條油炸機的設定溫度後，打開了開關。

接著確認鬆餅烤箱插頭是否插好，給烤箱接上電源，使之開始加熱，並開始準備經溫室解凍的英式脆皮鬆餅。

店長一邊留意著兩位工讀生的作業動作，一邊開始櫃台週圍的準備工作。

沒過多久，店長又開始對各種飲料進行品嘗，檢驗可樂、橙汁、雪碧、咖啡和熱巧克力等是否符合標準，溫度、糖度、味道以及機器的設定標準和人的味覺是否一致等。

這時，負責機器組裝和廚房準備作業的工讀生都已經完成了工作，過來向店長作最終彙報，店長也親自進行了確認。

6：53，咖啡開始供應。

一聲響亮的「早上好」，負責櫃台工作的迎賓員來到了店裏。

於是，店長很快指示大家各就各位，並宣佈了生產指示。

迎賓員檢查了櫃台，並準備開始迎接客人。

生產出來的商品包裝好後，店長宣佈開始營業。隨著揚聲器裏輕鬆愉快的主題歌響起，店堂大門的鎖同時開啓。

第一位顧客來了，店長和工讀生們同時向這位顧客深深地鞠了一躬。

肯德基的店鋪就這樣開店了。

4. 設備點檢

開店後的喧鬧過去後，店長命令工讀生開始進行設備的檢查。

工讀生拿來檢查一覽表並開始測試機器。首先從巨型式(人可以走進去堆放和整理材料)和帶門式的冷凍、冷藏庫的溫度開

始檢查，如果冷凍庫溫度在－18℃～－22℃之間、冷藏庫溫度在1℃～4℃之間，則屬於正常範圍，沒有問題。

接下來要檢查的是冷藏箱。根據不同功用，店裏把冷藏箱分爲保管肉類的、蔬菜的、牛乳的等好幾種。在測試時，每一個類型的冷藏箱溫度都應該在標準範圍，如果發現溫度稍微偏高或偏低，都要追究原因。一般來說，在發現溫度異常時，首先應該檢查冷藏箱的溫度設定是否恰當，然後再查看電器是否乾淨、冷藏箱裏的原材料是否堆放整齊，如果裏面的東西被堆放得亂七八糟，因爲空氣不能很好地流動，溫度就會上升。一旦找出發生異常的原因就要進行調整，但這還不算徹底解決，在完成其他檢查後，要再回過頭來重新測試一遍，如果溫度在正常範圍內，那就應該可以放心了。

工讀生又開始對可樂、雪碧等飲料的溫度和糖度，咖啡的取出溫度和保存溫度，軟冰淇淋機器裏剩餘果汁的數量以及早餐時間最暢銷的玉米湯和熱巧克力的調製狀況和溫度等進行測定。工讀生在按照規定進行各種測定時，還必須將所有檢測的數據記錄在檢查一覽表處。

廚房機器的檢查作業雖然重要，但絕對不能影響生產作業的正常進行。這時的廚房，因爲接連不斷有顧客的菜單進來，顯得比較繁忙，提著數碼溫度計和碼錶等器具的工讀生，要特別注意自己的檢查作業不得妨礙店長的生產指示和工讀生的業務活動。

檢查完飲料類的機器後，工讀生又繼續檢查抓鬥式鐵板和油炸機。在檢查抓鬥式鐵板時，主要檢查鐵板表面各處溫度的

分佈有沒有在規定範圍內、報時器是否能夠準時發出資訊等。對油炸機，測試最高和最低溫度是非常重要的，首先將油炸機的溫度調低，測試其到達標準溫度所需要的時間；接著測試燃燒器的點火溫度；最後將自動溫度調節器一下子開大，測試到達多少溫度時能夠自動熄滅等。

工讀生根據檢查一覽表的各個項目在認真地進行著測量和記錄，而店長則一邊協助著其他工讀生的操作，一邊時不時地探過頭來查看一下，並恰到好處地給予指導。

機器檢查完畢後，工讀生又對檢查一覽表的所有項目進行了檢查，確定沒有遺漏後走到店長身邊作彙報。店長總是邊聽彙報邊幹工作，但是一旦報告有問題工讀生就會受到責問，所以瞭解店長的工讀生決不敢有半點馬虎，在發現有異常數據出現時，就算無法找到真正原因，也必須推測一下可能的原因，從各種角度都去試著測試一下，如果不做這樣的努力，那麼在向店長彙報時就會受到嚴厲的批評。

這時，廚房的製造作業由兩位工讀生根據店長的指示操作，櫃台則以兩位女工讀生為主，有時店長也去幫忙，當負責機器檢查的工讀生完成檢查工作後，店長馬上指示他去新的崗位工作。

5.材料檢驗

8：00，裝著原材料的運貨車到達了店鋪的停車場。

站在櫃台旁觀察顧客的店長馬上指示一位工讀生先過去對準備搬入的原材料進行檢驗。

根據規定，檢驗原材料時店鋪經理必須在場，但是此時店

鋪正值繁忙時期，店長只有在對各個作業崗位進行妥善安排後才可以離開。於是，店長馬上叫剛來上班的一位工讀生接替油炸機的操作，讓原先在那裏的另一位有驗貨經驗的工讀生去停車場援助，又安排剛剛清掃完地板的工讀生站到剛才自己站立的位置，在照顧好櫃台的同時兼顧食品的包裝。這位工讀生雖然進店只有 6 個月，但非常努力，業務水準提高很快，已被提升爲店鋪的工讀生訓練員，且好幾次代替經理指揮過生產管理。工讀生聽了店長的吩咐後，只是簡單地回答了一句「明白」，就馬上開始確認起漢堡保溫庫裏的漢堡數量了。

　　店長再一次環視了全作業區的工作：廚房作業由 A 級和 C 級的兩位工讀生負責；商品提供由 B 級和兼管包裝的 A 級工讀生負責；高峰時，櫃台上可能會忙不過來，到時自己驗完貨後會去幫忙……看到此時櫃台前沒顧客，店長離開了店鋪，朝停車場趕去。

　　等店長驗完貨回到店內，發現店裏已經很熱鬧了，尤其是汽車餐廳的販賣區域已經有好幾輛汽車在等待了。於是店長指示其中一位工讀生立刻根據顧客的菜單籌備所需商品，同時兼顧包括製作水果奶油冰淇淋，在包裝紙袋裏放進餐巾紙、吸管和番茄醬汁等作業。店長自己則從電視監視螢幕上觀察汽車流量，然後進行生產指示，同時幫助操作。

　　等顧客陸續離去，店長在給櫃台的工讀生們提了幾點作業要領後來到廚房後面，開始檢查剛剛運來的原材料的安置情況。這時負責驗貨的兩位工讀生正在將原材料搬進巨型冷凍庫。店長提醒他們將食品箱放入冷凍庫時，要注意原材料放置

的先後次序和各種品種的不同規定，作業結束後，冷凍庫和冷藏庫的門一定要馬上關上，不然溫度就會起變化等等。

6.工讀生培訓

店長環視一下四週，發現店裏用早餐的人越來越少了，於是立即發出停止再生產漢堡的指示，然後又檢查了保溫器裏的薯條等其他商品的所剩數量，決定了接下來的生產數量。

店內清閒起來了，於是店長開始仔細留意起週圍工讀生們的操作情況。

當他發現一位工讀生的接客表情有點僵硬時，就派工讀生訓練員過去進行訓練；當他發現一位工讀生包裝的漢堡不符合標準時，就走過去親自教他包裝方法，直到滿意為止；當他發現一位工讀生完成了自己手裏的作業後不知所措地站在那裏時，就告訴他店鋪的工作人員眼裏不可以沒有工作，完成手裏的作業後，如果沒有馬上被分配下一個工作，就應該自己找工作，比如清掃一下週圍環境，必要時檢查一下店堂環境也可以。在營業清閒時期積極自覺地尋找工作是每位工讀生的必備素質，同時店鋪也通過各種途徑來進行督促。比如在處理「收銀台操作員在空閒時怎麼辦」這個問題時，店長預先製作一張工作一覽表，貼在收銀台的顯眼之處，以便收銀員在營業清閒時期做好收銀本職工作的同時參照一覽表兼顧其他作業。這種一人同時兼顧幾項工作的做法有利於加強工讀生的工作積極性，提高店鋪的生產力，增加顧客的滿意度。

9：00，工讀生們下班的下班、上班的上班、休息的休息，店裏招呼聲此起彼伏，開始變得熱鬧起來。店長一邊向每一位

工讀生問候「辛苦了」「再見」「早上好」，一邊參考著工作日程表，根據店鋪的現狀重新對各工作崗位進行安排。

大約 9：13 左右，附近銀行的人來店裏取錢了。在銀行員確認了前一天的營業銷售額和提取了當天店鋪所需的零錢後，店長又進行了確認，認爲一切無誤便蓋了章。按照規定，這個時候店長必須親自到場。

店裏已經很清閒了，於是店長將店鋪的運行控制權交給了在店的一位工讀生訓練員。充分給予部下信任和機會，是進行工讀生培育的一個手段。

7.作業指揮

早班經理從 10：00 開始休息 1 個小時。此時，店長與剛來上班的工讀生經理交接工作後，從廚房的後門來到前廳。

平時，店長經常在附近的餐廳用完午餐後到工讀生休息室，與在那裏休息的工讀生們聊聊天。但是因爲今天是剛剛錄用不久的工讀生經理當班，店長決定在自己店裏吃午餐，以考察一下他的指揮能力。

於是店長換下工作服，像一般顧客那樣站到櫃台前。

「歡迎光臨！請您到這裏來。」儘管是店長，工讀生也不會給予特別照顧。

店長接過盤子，坐到一樓靠窗的位子上開始吃了起來。這個位子除了能看到裏面的開放式廚房外，還能看到出入顧客的流動狀態及汽車餐廳販賣區的整個流程，更重要的是對一樓座位能一覽無餘。

看到店長選了這樣一個好位子用餐，工讀生經理立刻明白

了用意，臉上露出了自信的微笑。

10：00 的店鋪是最空的，這時沒有訂貨和進貨，而且準備迎接營業高峰期也還為時過早。

櫃台上 3 位女工讀生、廚房裏 4 位男工讀生，共 7 人已做好了接待顧客的準備。工讀生經理則擔任總指揮，站在最容易控制全局的位置。

考察完工讀生經理後，店長又走進工讀生休息室，見在那裏的兩位工讀生正在看教育錄影帶，於是也一起看起來，並對兩位工讀生時不時提出的問題一一作了回答。

看完錄影後，店長又與他們隨便聊了聊，瞭解到了一些工讀生的近況：比如誰快要大學畢業，現在正在找工作；誰最近學校的功課很緊張；誰的妹妹明年要考大學等。這些看來很平常的話題，其實對店長來說是很重要的情報，他可以通過這些情報預先推測大概在何時誰可能會提出辭職，又可以讓誰推薦自己的妹妹來店裏打工等，對店裏的工讀生調整應做到心中有數。

店長一般不會在工讀生休息室裏待太久，否則會影響工讀生的休息。

8.菜單交接

店長休息完回到店裏，從工讀生經理那裏瞭解到這段時間的營業銷售額比預計要高，但服務品質沒有因此而下降。這已經足夠證明工讀生經理的指揮有方。

11：00 左右是店鋪的營業高峰期，在此來臨之前必須做好大量的準備工作，店長與工讀生經理一邊確認著工作日程表，

一邊計劃著下一步的工作安排。此時雖然是清閒期，但還是不斷地有顧客進出，爲了既不影響眼下營業的正常開展，又能夠充分做好迎接營業高峰期的準備，店長決定和工讀生經理分工，自己負責櫃台週邊的檢查，工讀生經理則負責作業操作方面的檢查。

工讀生經理在檢查了食品原材料的品質後，又開始仔細確認冷凍庫和冷藏庫的庫存量，並根據需要進行補充，還飛快地在本子上作記錄。

店長在對櫃台週邊、一樓和二樓店堂進行了檢查後，走出店鋪，圍繞店鋪和停車場巡視一週後又回到店裏。像這樣抓緊點滴時間進行店鋪裏裏外外的衛生檢查已經成爲店長的習慣。另外，又因爲汽車餐廳販賣區隨時都會出現顧客的汽車，所以店長不管在幹什麼，總是會時不時地看看電視監視螢幕，以掌握那裏的情況。

時針已經指向 10：52。

回到廚房作業區的店長在確認了漢堡保溫箱裏的庫存量後發出了生產指示，又叫其中一位工讀生去打掃二樓店堂的桌子和椅子，並將託盤補充足，還強調必須在 11：00 前完成。

這個時候正是結束早餐供應、擺出正規餐單、開始供應午餐的交接階段。在菜單交接時，必須把早餐使用的機器都放入水箱進行清洗，殺菌後再放到指定位置；必須收拾起早餐時用的墊桌紙，換上正規餐用的餐具；另外，檢查店堂、整理客席、清掃廁所及準備好各種如餐巾紙等附用品也是必行之事。

正在廚房指揮工讀生用於拖把拖地的工讀生經理看到店長

走過來，拿出剛才記錄的需要補充食品原材料的單子，請店長過目，得到店長的同意後，馬上叫旁邊一位工讀生出去準備。

此時，迎接營業高峰的所有準備工作都已經就緒，不僅補充了食品原材料，而且店內設施、收銀台、零錢等都已準備妥當。

於是，店長高喊一聲：「可以迎接營業高峰的來臨了！」

9. 全面監控

營業高峰來臨了。店長站在連接店鋪和出入口處的櫃台一角，開始對店鋪的全局進行控制。此時的店長必須像戰場上的指揮員那樣擁有絕對的統率力，根據店鋪的各種情況，不斷地發出生產指令、崗位調整和作業糾正等指示，以督促店鋪維持最好的應戰狀態。

店長總是一會兒觀察著店堂櫃台處的顧客流量，一會兒抬頭確認販賣區的電視監視螢幕；一會兒走到廚房裏調整一下工讀生們的操作進度，一會兒又在店堂糾正一下工讀生們的接客動作。在營業高峰期要保證滿足顧客的需要，應對廚房的生產流程進行有效控制。根據店堂的需要及時提供所需商品是非常重要的，商品的生產若跟不上顧客需要的速度，就像在打仗時沒了子彈那樣被動。

看看廚房裏的生產暫時沒有問題後，店長又將自己的指揮陣地轉移到了店鋪大堂，對穿梭在客席處的迎賓員的微笑服務進行檢查，還在櫃台處的收銀工讀生身邊站了一會兒。「對，就這樣。」「很好，一邊微笑一邊招呼顧客。」嚴屬的店長也常常會在適當的時機表揚一下工讀生。其原則是「表揚在明，批評

在暗」。

10. 店鋪調整

午餐的顧客開始像潮水一樣漸漸退去。

店長發出減少生產量的命令後，又像早晨進行店鋪檢查那樣，開始在店鋪內外各處轉悠起來。店長在營業高峰期即將結束時，必須對垃圾箱、停車場、客席的桌椅以及廁所等各區域進行一次衛生檢查，而工讀生們因為還要迎接最後一波顧客的到來，必須堅守崗位。

店長巡視完畢回來時，店裏已經沒有剛才那樣嘈雜了，顧客也已所剩無幾。

營業高峰已經過去。

於是店長打開廚房內的冷凍箱、冷藏箱以及各種儲藏箱，清點了剩餘食品原材料的數量，又在廚房內轉了一圈，對油炸和鐵板等區域的衛生情況進行了檢查，然後拿出工作日程表，開始準備交接班指示。

時針已經指向 13：00。店裏徹底清閒下來了。

店長宣佈了下班和休息人員名單後，又對店堂和廚房裏的工讀生佈置了新的工作。在店堂，安排一部份工讀生進行包括廁所在內的清掃和櫃台週邊原材料的補充，其餘工讀生則被要求負責好收銀台，因為即使營業高峰已經過去，還是有陸續進出的顧客；在廚房，因為生產量已經大大減少，不再需要很多人手，所以安排一部份工讀生去倉庫搬運廚房所需補充的原材料，一部份工讀生對店鋪週邊環境進行打掃，沒被分到工作的工讀生則都在自己的崗位上做衛生。

於是工讀生們各就各位，專心幹起自己的工作來。

店長自己則走到商品包裝的位置上。在顧客比較少的時候，店長總是去這個位置，因爲這個位置既能夠督促整個作業班提高生產效率，又能夠起到作業的示範作用。

不久，負責各個崗位的工讀生都來彙報作業已經完成，於是店長命令工讀生經理一一進行檢查，不合格的崗位都要當場進行返工，作業人員也會受到嚴厲批評。

完成了店鋪清掃和材料補充後，接下來就得爲下一步的營業做準備工作了。比如，在廚房，要檢查油炸鍋裏的油是否漂有雜質，如果有就必須揀乾淨；管道篩檢程式是否粘有汙物，如果有也必須擦乾淨；在店堂，最重要的是要整理好收銀台裏的現金，爲接下來的營業準備必需的零錢。

等一切準備妥當，店長將店鋪的控制權交給了工讀生經理，自己則走向辦公室。

11. 店鋪恢復

時針已經指向 14：30。

店長從經理辦公室回到店裏，考慮到接下來還有早、晚班經理的交接準備工作，就安排一直在店裏指揮作業的工讀生經理先去休息一會兒。

這時店裏還留有 6 位工讀生，櫃台和廚房各 3 人。店長將商品包裝任務交給其中一位工讀生後，又走出店鋪，開始在店鋪週圍巡視起來。

經常進行店鋪的週邊環境衛生檢查是很重要的。雖然今天店長已經走出店鋪檢查過好幾次了，但是每次總能發現很多不

知從那裏來的垃圾。此時，只見停車場裏的紙屑和灰塵被風刮得到處亂飛，店長拾起了垃圾後向停車場旁邊的道路走去，在那裏也同樣可以看見煙蒂、吸管、樹葉和尼龍袋等髒物，店長再次收拾後，又順著汽車餐廳區域的汽車通道慢慢走著，發現店鋪的廣告招牌被風吹歪了，於是又從店鋪的倉庫裏拿了工具進行固定……比起店內來，維持店鋪的週邊環境就顯得比較困難了。

店長繞店鋪轉了一圈後，回到店裏。在盥洗處，用殺菌液對從肘部到手指的部位都進行了徹底清洗後，便在店堂裏巡視起來。店長在店堂的一樓和二樓轉了一圈後，開始指揮工讀生們打掃衛生，尤其是對經過檢查自己認為有問題的部位要重點清掃。

接到指令的工讀生們立即分頭行動。

負責打掃桌椅的工讀生用一塊殺過菌的抹布仔細地擦著託盤和桌子，當看到旁邊還有髒煙灰缸時，又用準備的另外一塊濕抹布擦乾淨後放回原處；負責更換垃圾箱裏的垃圾袋的工讀生（一般來說，垃圾袋的更換頻率並不高，只有在午餐和晚餐的營業高峰期過後，才需要更換所有的垃圾袋）則打開垃圾箱的門，將垃圾袋的口打上結後，小心翼翼地拿出（這時特別注意不要鉤破垃圾袋，將垃圾掉落在店內地面上），重新換上新的垃圾袋；然後又用濕抹布將沾在垃圾箱上的咖啡等飲料的汁水擦乾淨；最後將垃圾袋拿到垃圾放置處。其他人也一樣，一絲不苟地打掃著店鋪的每個角落。

過了營業高峰期的店鋪，必須恢復到早晨開店時的狀態。

　　檢查完店堂，店長又走進了廚房，站在包裝商品的位置上，開始指揮工讀生們各就各位開展清掃工作，爲交接班做好準備。此時店長一邊觀察著每個工讀生的操作，根據其熟練程度構思著下一步的訓練計劃，一邊又時不時地對工讀生進行重點部位和操作要領的提醒。

　　這時的清掃工作，最重要的是在作業即將結束時，根據 SOC 規定的標準配製洗滌用殺菌溶液，然後對烤麵包和煎肉餅等機器進行殺菌清洗；還要對軟冰淇淋機器進行分解，消毒清洗後再重新組裝起來；另外，對冷凍庫、冷藏庫和儲藏箱的庫存也要進行檢查，並根據晚餐營業高峰期的需要進行補充……

　　時針已經指向 14：43。

　　晚班經理也快要來上班了。

　　店長一邊提醒自己「交接班時，必須讓店鋪恢復原狀」，一邊走出店鋪，準備再對週圍環境進行一次巡視。

心得欄

連鎖秘訣 5：肯德基店鋪的晚班運作

1.環境確認

首先，店長不會急於進入自己的店鋪，他會在大概距離自己店鋪 200 米左右的地方留步，然後仔細觀察自己店鋪的外觀，而且此時的目光一定不會放過附近的競爭店。

觀察完附近的店鋪後，店長還是沒有馬上進入自己的店鋪，此時他會更加仔細地審視自己店鋪週圍的情況。

一切檢查完畢後，店長進入經理辦公室，對聯絡簿過目後，再通過 ISP 機對前一天的營業銷售額進行確認。

接下來店長該去店鋪了。

但是他一般不會從員工通道進入店內，而往往會利用店鋪正面的顧客出入口，首先以一個準備在這裏用餐的顧客的身份來感受一下店鋪留給他的第一印象。

通過店鋪的大堂正門，週邊的樹木、玻璃窗和玻璃門等任何一個進入該店的顧客都會注意到的細節都被他一檢查過。

「歡迎光臨！」員工們以響亮的招呼聲和燦爛的微笑來迎接這位剛進店的顧客。欣然接受這種待遇的店長開始在販賣櫃台處駐足，對漢堡保溫庫內的庫存量、菜單照明揭示牌以及附有相片的菜單顯示牌進行檢查，在確定沒有問題之後，才與員工們打了一聲招呼，脫下外衣推門進入廚房。

首先過來與店長打招呼的是早班經理，也是當天店鋪開店的負責人。此時應該是早晚班經理履行交接班手續的時候，這也是早班經理當天的最後一項工作。

早班經理手拿工作計劃表，開始向店長也就是當天的晚班經理進行工作交接。交接工作通常包括以下內容：

(1)每個時間段的銷售額，確認是否已經達到預算標準。

(2)材料的進庫情況。

(3)材料的訂貨情況。

(4)員工的輪班工作情況。

(5)收銀台的現金確認等等。

另外，在肯德基店鋪裏，有必須每天進行的檢查，也有每星期一次、每月一次，甚至三個月一次、六個月一次和一年一次的保修檢查。在肯德基店鋪的廚房牆壁上貼有這種以掛曆形式出現的、根據保修指南做成的保修計劃表，主要規定對設備和機器的那個部位應該進行重點清掃等事項。開展這項工作的工讀生保修檢查完畢後，必須在檢查表上署名，並向店長進行彙報，取得店長的簽名。所以如果這一天有保修檢查的項目，那麼在交接班時，早班經理應該在日常工作彙報的基礎上，再加上保修檢查的工作彙報，並取得店長的確認。

2. 作業分配

因為交接班的緣故，漢堡的生產量開始下降，所以店長發出了加快製作速度的指示。

店長開始進行廚房原材料庫存的確認，檢查廚房內的薯條、鷄塊、湯類、泡菜、洋蔥、生菜、乳酪以及番茄醬汁等是

否準備齊全；接著又走到金庫前，打開鎖，取出聯絡簿，對照記賬內容，確認各個營業時間段的現金收支情況。

時針正好指向 15：00，上下班的工讀生都已準備就緒，而店長也在對從早班經理處收到的工作日程表進行反覆推敲，衡量了從現在到打烊(15：00～24：00)的全部工作內容，構思出店鋪最佳運作方案後，對工讀生們發出了各就各位進入工作狀態的指示。另外，工作日程表上還非常清楚地記載著每位工讀生的工作時間，如果那位工讀生的工作時間超過了規定時間，那就應該在日程表上做好記號，讓其休息 30 分鐘或 1 個小時。

因為店長對店鋪每位工讀生的工作能力都是心中有數的，因此他可以根據各個工作時間段的店鋪運作情況恰到好處地進行工作崗位的分配，而自己則統籌全局，當好指揮官。

在肯德基，各個層次工讀生的訓練都是在店鋪這個現場進行的，尤其是在營業清閒期。所以店長在分配工作時，也要安排具體的訓練計劃。訓練往往是依據 SOC 進行，但有時也由店長根據店鋪的實際情況臨時作出指示。

在安排工作時，店長的腦海裏浮現出的是已經各就各位的工讀生的臉，同時每張臉又都與其工作能力和職務等級等個人情況掛上鉤。店長在安排好打烊工作分配後，又在工作日程表的工讀生名字上做了記號，對鐵板、油炸、冰淇淋和櫃台等區域分別安排了特定的負責人……

15：15 左右，店長已經拿出比較令自己滿意的「作品」了。

3. 示範操作

在肯德基店鋪的營業清閒期，店長非常重視做好業務操作

的示範動作。

店長會一邊把握好整個店鋪的作業流程，一邊時不時地走到不同的工作崗位，對工讀生進行個別指導和協助，以此提高整個集體的工作效率和品質（當然在營業高峰時期，因為顧客較多，工讀生都很忙亂，就不太容易這樣手把手地教了）。店長經常會在發出了「有新的訂單」等生產指示後，馬上走到操作起來不太熟練的工讀生身旁，邊指導邊協助其操作，以便不影響整個作業進度。

這時的店長在不停地對工讀生的操作方式和接客態度進行確認的同時，也會經常穿越於客席間，觀察正在用餐的客人情況、確認室內的溫度是否正好、有沒有還未打掃乾淨的地方、那幾處的照明不亮了、垃圾箱是否裝滿了等必須及時解決的情況。一旦發現問題，店長會立刻發出糾正的指令，並教育工讀生平時就應該在細小的地方下工夫，及時填補各種漏洞，為來店顧客提供更加舒暢的就餐環境。

4. 店鋪調整

一般來說，17：00 前，店裏都會比較清閒，利用這個空當，店長會暫時離開一下店鋪，沿著店鋪週圍轉一圈，定期檢查其週邊環境和招牌、照明等情況。

按照肯德基規定，平均每 30 分鐘要進行一次這樣的檢查，但是即使如此，在檢查時還會發現很多問題。比如，會有紙屑落在地上，並隨著來去的汽車不時飛舞起來；也會有不知是誰吐落在地上的口香糖，因為被好幾個人踩過後，已變得灰漬斑斑……一個店鋪要一貫維持清潔的形象是很不容易的。

　　這時，店長巡視完畢回到店內，要求工讀生對有問題的地方立即進行清掃，然後又在店內進行了簡單的巡視後，走進經理辦公室，坐在辦公桌的 ISP 機前，開始通過「業務一覽表」系統進行當天庫存品的確認。這是店長每天必行之事，也是一個店鋪計算理論庫存的重要作業。

　　店長在完成庫存品的確認作業後，又回到店裏，準備按照原定計劃進行新工讀生的訓練。店長一邊打量著店內，一邊在心裏盤算著如何進行人員的安排，最後作出對兩位工讀生進行櫃台操作訓練、對另外一個工讀生進行客席巡視訓練的決定。於是店長把自己的決定與兩位工讀生訓練員進行商量，要求他們分別依照 SOC 對三位工讀生進行訓練。

　　店長在二樓，繞客席走了一圈，對那裏的桌子、椅子、地板、垃圾箱等進行了檢查，當然也沒有放過男女廁所。最後店長又在包廂座位處稍微坐了一會兒，體會一下冷氣機的溫度是否合適，又順便看看玻璃窗、照明燈以及週圍的裝飾品有無異常，然後再觀察一下週圍顧客的狀況。

　　店長檢查完店內，再次走出店鋪，繞店鋪走了一圈後進入停車場，數了一下那裏的汽車數量，根據店內現有顧客數確認是否有可疑車輛，並仔細看了一下各汽車的牌照，然後，又站在稍微遠離店鋪的地方觀察起店鋪外觀來。

　　這時，天已經漸漸暗下來，在整個街都陸陸續續點起的燈光中，店鋪的輪廓已開始變得模糊起來。

　　於是，店長立刻回到店內，要求工讀生打開店鋪的所有照明。

雖然在 17：00 以前打開店鋪的所有照明也許有點過早，但是如果要等天完全黑下來再點一定是太晚了。作為一個餐飲店，不管從那個角度觀察起來都應該有一個比較鮮明的外觀形象，對駕駛著汽車正奔跑在遠處公路上的人們來說，在恰到好處的時候，通過鮮明的招牌給予其一個來店進餐的信號是非常重要的。

5. 徹底檢查

時針已經指向 17：00。

休息完畢的和開始來上班的工讀生都已經陸續來到店裏，而汽車餐廳販賣處，似乎是受到了鮮明招牌的召喚，已有好幾輛汽車駛了進來。

整個店鋪的氣氛開始活躍起來。傍晚的營業高峰即將來臨。

為了讓店鋪能夠有足夠的能力來應付即將到來的營業高峰，在此之前做好充足的準備工作是非常重要的。這時，店長吩咐兩名工讀生進行原材料的搬入工作。這兩名工讀生中，其中一位剛剛升級為 C 級工讀生，對這項工作還是非常生疏，而另一位則是已具有相當經驗的工讀生，所以他在負責完成這項工作的同時，還肩負著訓練新工讀生的任務。

完成了原材料的搬入工作之後，接下來將是檢查各種機器和原材料，以及重新對店鋪環境進行清潔整頓的時候了。

店長叫來一位資格較老的工讀生，要其到儲藏室內去檢查一下作為漢堡原材料的麵包的保存狀況，此時最忌諱的是麵包表面乾燥。同時又告訴他，因為店鋪已經進入高峰前期，必須馬上將所有機器的開關打開。

於是，這位工讀生帶著店長的吩咐開始行動。

首先，他檢查了儲藏室內常溫狀態下保管的麵包，確認麵包是否受風和熱氣的影響，然後又跑到鐵板、油炸和烤爐等區域，打開在營業清閒期關閉的燃燒裝置進行點火。

店長在旁邊一邊觀察店鋪的進客情況，一邊觀察以上工讀生的操作方法。

這時，負責材料搬入的兩位工讀生都已經完成了搬運，重新回到店內。店長吩咐他們分別用清潔的拖把將一樓、二樓和廚房的地板打掃乾淨，並將用過的髒煙灰缸收集起來。

店長為了檢查廚房的營業高峰期的準備工作又回到了廚房。

只見他邊向工讀生們發出生產指示，邊用一塊抹布擦掉留在機器上的污點，邊大聲對各個工作崗位的作業人員進行「操作注意點」的提醒。

時針剛好指向 18：00。

工讀生的數量又有所增加。大家各就各位，進入了迎接營業高峰的臨戰狀態。

6. 共同迎客

進入營業高峰期的店鋪，客流量很大，店長要兼顧店堂和廚房兩邊的指揮工作是比較困難的，為了提高店鋪的運作能力，店長決定與工讀生經理分頭坐鎮。

店長叫過剛來上班的工讀生經理，要他作為製作擔當負責人管理廚房的製作流程，而自己則主要在店堂負責接待顧客，有空也會去廚房幫助指揮一下生產。

　　工讀生經理確認了一下工作日程表，對廚房作業人員的情況大致有個瞭解後，進入了廚房。在那裏首先檢查了營業高峰期之前準備的原材料情況，然後開始對已經各就各位的工讀生宣佈生產任務。

　　店長也轉身進入了店堂。

　　為了防止店鋪在進入營業高峰期時，工讀生對突然增加的工作量措手不及，店長預先對工讀生進行崗位安排的提醒是很重要的。這時店長對剛來上班的迎賓員提出了要求，要他在做好店堂接客本職工作的同時，觀察營業時機，也要時不時地去協助一下櫃台工作。

　　雖然這時在廚房裏，由工讀生經理作為擔當負責人在那裏管理生產流程，但店長還是會經常利用時機恰到好處地去檢查一下、幫一下忙。作為店鋪的最高負責人，店長對店裏發生的一切情況都必須負責，尤其是在店鋪忙亂的時候更是不可有任何疏忽。

　　店長還是穿梭在廚房和店堂之間。

　　在廚房，店長一旦發現生產上有問題，就及時提醒工讀生經理，如什麼商品的包裝不太正規了、什麼商品的庫存量不夠了、什麼崗位上人員不足需要補充了等等。工讀生經理對店長的建議一一確認後發出新的生產命令，而工讀生們則根據生產命令及時調整操作。

　　因為這時的店堂已經沒有了迎賓員，所以店長經常要去兼顧一下。「歡迎光臨」「需要餐巾紙嗎」「謝謝光臨，請將託盤交給我吧」等本來由迎賓員來做的工作就由店長來代替了。在店

鋪的營業高峰期，可以自由走動的經理只有店長一個人，爲了及時發現和解決問題，店長尤其重視這時的巡視，他在再次確認了一樓、二樓店堂和廚房的情況後，又走出店鋪對週邊環境進行檢查。

重新回到店鋪的店長，根據巡視結果安排工讀生去解決後又再次走進廚房。

廚房裏，工讀生們正在工讀生經理的統率下快速地生產著商品。

店長發現工讀生經理站立的地方，雖然能夠很清楚地看到作業中的工讀生和原材料，卻無法觀察到設備的週邊和地面，所以店長在檢查了商品品質後，又開始檢查起衛生來，比如鐵板的表面有沒有附著髒物或油渣，調味準備台和麵包烤爐是否清潔，油炸機和地面上是否掉落了很多油渣、菜屑等。另外，因爲不能正確地使用操作工具，就不能很好地維持商品的品質，所以店長在廚房巡視時，還會經常地糾正工讀生對操作工具的使用方法，比如在給漢堡添加番茄醬和芥末等調味品時，要雙手操作，注意不要讓汁水流在外面，以及在剷除鐵板上的炭灰時要用力等。

7. 交流溝通

時間已快接近 20：00。店長將店鋪指揮權移交給了工讀生經理，準備休息。

距離店鋪打烊的準備業務還有 1 個小時，店長邀請已經有 6 個月打工經歷的工讀生訓練員下班後一起去附近的餐廳吃飯，準備利用這個機會與他好好談談。

原來,雖然現在店裏已經有三位工讀生經理(用一般的標準來衡量的話並不少),但是為了使店鋪的管理水準更上一層樓,店長認為有必要再增加一位工讀生經理。店長經過一段時間的觀察後,發現這位工讀生平時工作表現不錯,且工作能力也已達到一定水準,如果好好培養很有發展前途,完全可以成為一名出色的負責人。

在一起用餐時,店長首先與工讀生進行閒聊,目的在於瞭解本人的一些實際情況,如至今為止幹過什麼樣的工讀生、學的專業是什麼、兄弟姐妹有幾個、店裏的工讀生與誰最要好、對目前店裏的幾位負責人有什麼看法等,然後詳細地詢問了他對肯德基店鋪的感覺,如對店鋪的印象如何、是否喜歡目前的工作環境等。

晚餐快接近尾聲,談話氣氛也越來越融洽,在店長面前消除了緊張感的工讀生已經開始毫不掩飾地談自己的想法了,而此時的店長更加確信自己沒有看錯人,於是店長見機將自己的計劃全盤托出,徵求工讀生的意見。因為對工讀生經理的要求很高,起初這位工讀生顯得顧慮重重,但經過店長的鼓勵,最後他非常樂意地表示願意接受挑戰,並保證一定不會令店長失望。

肯德基的工讀生能夠擔當起如此重任,與肯德基擁有一套高度重視與工讀生交流、充分發揮工讀生積極性和潛力的制度是分不開的。在店鋪裏的眾多工讀生中,對誰最近有那些問題等情報,作為店鋪最高領導者的店長是非常注意瞭解的,店長在發現了問題後,總是會千方百計尋求機會接近工讀生,與其

談心，及時消除工讀生心裏的疙瘩。

時針指向 20：45。用完餐的店長與工讀生告別後，一邊往回走，一邊在腦子裏構思著店鋪的打烊準備工作。

8.最後收尾

店鋪的營業高峰已經告一段落，店堂顯得清清靜靜，一樓僅有的兩組顧客在慢慢聊天，但是夜間的汽車餐廳販賣區仍處於忙碌的景況，有五六輛汽車等候在那裏，近一個小時的營業額也幾乎都來自那裏。

針對這個情況，店長開始重新安排工讀生，將店堂的兩位工讀生調整到汽車餐廳販賣區。

店長在店內外巡視了一週以後，回到店裏，發現店堂還是沒有什麼變化，再看看時間也已接近 21：00，於是親自關閉了二樓店堂的大門，走到正在汽車餐廳販賣區包裝漢堡的工讀生經理身邊，告訴他可以開始店鋪的打烊準備工作了。

時針已經指向 23：00。

隨著一句「所有的菜單都已經提供完畢」，一天的營業也結束了。

心得欄

連鎖秘訣 6：店長如何掌控店鋪運作

　　肯德基店鋪是肯德基公司經濟效益的主要來源。店鋪的運作負責人是店長，其主要責任是必須保證以下四大目標的實現：

　　(1)確保店鋪的正當利益。

　　(2)提高店鋪的經營銷售額。

　　(3)維持最高水準的 Q·S·C·V。

　　(4)進行人才的開發和培育。

　　店長的當班，有早班和晚班之分，店長會根據當天店鋪的實際運作情況來決定自己是上早班還是晚班。

1. 店長的職責

　　店長的主要職責有以下六個方面：

(1)提高經營銷售額

　　①對店鋪的 Q·S·C·V 基準進行調查，為將其提高到能夠令來店顧客感到充分滿意的水準而制訂具體計劃。

　　②對店鋪所處的商圈和競爭店進行調查和分析，採取切實可行的措施。

　　③以總部統一促銷活動為基礎，計劃符合自己店鋪實際情況的宣傳活動，提高促銷效果。

　　④為維持最高標準的 Q·S·C·V 水準，對工讀生工作計劃進行最終檢查。

(2) 控制損益

① 制訂月利益和年度利益計劃，並進行管理。

② 對每月的利益計劃和實際成績以及 P/L（損益）進行管理，對店鋪的最終支付情況進行檢查。

(3) 人才培育

① 制訂店鋪經理的工作計劃，對經理的工作進行評價，並實施經理的培訓工作。

② 向 OM（上級經營管理員）進行人事變動和人員晉升的提議。

③ 經常召開店鋪經理會議，積極聽取來自各方面的意見，提高店鋪員工和工讀生的工作積極性。

④ 實施新產品的導入試驗工作。

⑤ 確保店鋪擁有充足的工讀生人數，維持穩定的工讀生力量，並進行工讀生評價、查定程序的管理，最大限度地提高工讀生的生產積極性。

(4) 事務分析和數據管理

進行 ISP（店鋪資訊處理）的運用和管理工作。

(5) 店鋪管理

進行店鋪安全和衛生、食品安全以及衛生的管理，並不僅僅局限於進行保險求償工作，還要對店鋪的所有固定資產、經營銷售額、店鋪保管現金以及重要資料進行管理。

(6) 其他

① 進行店鋪外部的各種交流工作。

② 為提高店鋪工讀生的職業道德水準進行努力。

2.早班運作的主要內容

早班運作的主要內容如表 6-1 所示。

表 6-1　早班運作的主要內容

流程	工作內容	目標
開店	· 檢查店鋪外觀，確認店鋪的整體形象。 · 對夜間的清掃作業進行檢查。 · 檢查店鋪內部，利用自己的感官檢查是否有異常現象。 · 對前一天各種調理機器的清掃狀況進行檢查。 · 確認金庫內的現金零錢。 · 準備收銀台的零錢。 · 進行原材料的品質檢查。 · 打開電源開關。 · 對原材料的在庫表進行檢查。 · 對店鋪經理聯絡記錄本的內容進行確認。 · 進行調理機器的調整。 · 對店鋪工讀生的工作計劃表進行確認。 · 對原材料的補充進行確認。 · 對供應商原材料的搬入進行檢查。 · 對開店準備作業的進度進行檢查。 · 營業銷售額的確認和準備。	①在規定時間開店。 ②對人、物、錢進行檢查，及時處理出現的問題。

續表

從開店到中午營業高峰時期	• 在能夠綜觀店鋪全局的位置上進行作業管理。 • 每次離開店鋪時都要將指揮工作委託給相應的負責人。 • 工讀生的安置要講究平衡,一切以提高生產率為前提。 • 根據顧客的需求生產商品,儘量減少商品的缺貨和過剩情況。 • 判斷營業的清閒和高峰時期,清閒時進行清掃和原材料的補充,為高峰時期做好準備。 • 經常對廚房、客席和店鋪週邊環境進行檢查,杜絕問題的發生。 • 注意服務品質,檢查是否有讓顧客等候或將已經過了嘗味期限的產品賣出等情況。 • 注意各個崗位的工作,確認所有作業是否都符合標準。 • 時刻把握各個時間段的營業銷售額。 • 有計劃地安排工讀生休息,以保證營業高峰時期的戰鬥力。 • 檢查工讀生是否在規定時間內結束休息返回到工作崗位上來。 • 有效使用店鋪的收銀台,合理安排收銀員。	①維持 Q·S·C·V 的經營理念,保證向顧客提供高品質的服務。 ②在店鋪空閒期做好準備工作,保證營業高峰期的順利度過。
早晚班的交接準備	• 對各崗位進行清掃。 • 檢查客席,更換垃圾箱,並清掃掉落在店內外地上的垃圾。 • 為傍晚的營業進行原材料的補充。 • 確認工讀生的休息情況。	①保證向顧客提供高品質的服務。 ②為下面的營業做好準備。

3.晚班運作的主要內容

晚班運作的主要內容如表 6-2 所示。

表 6-2 　晚班運作的主要內容

流程	工作內容	目標
中午營業高峰期之後到傍晚營業高峰期之前	①檢查店鋪外觀。 ②檢查客席。 ③檢查營業銷售額的完成情況。 ④與早班經理辦理店鋪交接手續。 ⑤確認原材料的在庫情況。 ⑥確認現金的零錢。 ⑦對店鋪經理聯絡記錄本的內容進行確認。 ⑧對店鋪工讀生的工作計劃表進行確認。	圓滿完成店鋪早晚班的交接工作，保證向顧客提供高品質的服務。
傍晚營業高峰期之後到店鋪打烊之前	①對各工作崗位進行清掃。 ②檢查客席、更換垃圾箱，並清掃掉落在店內外地上的垃圾。 ③為次日的營業進行原材料的補充。 ④確認工讀生的休息情況。 ⑤在不影響顧客用餐的情況下，做好打烊準備工作。	①保證向顧客提供高品質的服務。 ②為下面的工作做好準備。
店鋪打烊時的清掃工作	①關閉招牌和店堂的照明。 ②鎖好店門。 ③進行打烊清掃工作。 ④製作現金日報等資料。 ⑤進行店鋪的最終安全確認。 ⑥做好夜間清掃工作的指示。	維持店鋪的清潔衛生，為第二天的營業做好準備。

連鎖秘訣 7：親切服務準則

為了讓顧客在所有的肯德基餐廳都能享受到相同的服務，規定了服務的標準：通過規範的手段，利用統一的說詞，對行為舉止及對待顧客的正確方法進行規範，甚至對員工施以影響深刻的心情訓練等方法，使其達到服務工作標準化的目標。

一、讓顧客滿意的服務

當顧客一走進肯德基餐廳，即有服務員為他們開門，並滿臉微笑地說：「歡迎光臨。」

顧客剛走近櫃台，又有服務員主動地說：「歡迎光臨，請到這個視窗來點餐。」「請問您要點些什麼？」

顧客點完後，配膳員準確地將食物裝入盤中，送到顧客手中，滿臉堆笑地問道：「先生，這樣可以了嗎？」

得到顧客滿意的回答之後，服務員在收銀機上報出價格，並收取顧客的交款。

當顧客用完膳，服務員目送顧客離店，微笑著說：「謝謝光臨，歡迎下次再來。」

在肯德基，標準化管理得到了很好的運用，其中禮貌用語貫穿整個服務的始終。肯德基規定了向顧客提供快捷而週到服

務的六個服務步驟，它們被稱為「與顧客應對的六個步驟」。

1. 與顧客打招呼

肯德基要求每一位服務人員都必須在正確的時機以正確的用語招呼問候顧客，而且必須精神抖擻，面帶微笑，大聲地向顧客打招呼問好。

當顧客一進店就聽到服務人員熱情、真誠的問候，立即會對肯德基產生好感。因此肯德基在工作手冊中明確規定了打招呼的問候用語：「歡迎光臨」、「請到這裏來」、「早上好」、「晚上好」等充滿溫情的語句。

2. 詢問或建議點餐

顧客準備點餐時，服務員須使用一套慣常的禮貌用語，諸如「您要點什麼？」、「請問您需要些什麼？」等。

若顧客詢問新推出的產品或促銷活動，服務人員必須以適當的速度、親切的語氣，簡單而清晰地為顧客解說，以增加顧客購買的興趣。

顧客點餐完畢後，服務人員必須覆誦一遍顧客所點購的食品與數量，若發現錯誤須立即更正。另外服務人員應該抓住機會向顧客推銷食品，但建議的食品不要超過一項，以免引起顧客反感，例如「今天天氣這麼熱，您需要增加一個甜筒嗎？」

全部點購完畢，服務人員必須清晰地告訴顧客：「您所點的食物總共××元」，以便顧客在服務人員拿取食品時掏出錢來準備付賬。

3. 準備顧客所點的食品

服務人員應先對顧客說「請稍等」，然後默記顧客所點的食

品內容與數量。

另外，服務人員對拿取食品的先後順序與放置在餐盤上的方式必須特別留意，因爲這關係到食品的品質及食用的時間。

爲此，制定了標準化的食品準備順序：奶昔－冷飲－熱飲－漢堡－派－薯條－聖代。而且服務人員在擺放商品時要注意標誌朝向顧客，薯條靠在漢堡旁。

4.收款

當服務人員從顧客手中接收支付的金額以及找回零錢時，必須大聲將各項金額覆誦清楚。例如：「謝謝您，總共 45 元，收您 50 元，找回您 5 元。」

當找回的零錢較多時，服務人員應將零錢放在託盤內，以方便顧客拿取。

5.將顧客點的食物交到顧客手中

服務人員將顧客點購的食品全部拿齊後，用雙手將託盤輕輕抬起送到顧客面前，並禮貌地向顧客說明，例如「讓您久等了，請看一下是否都齊了」、「請小心拿好」等。

如果顧客要求外帶食品時，服務員在交付時會將所有的商品依照種類與多少，分裝在不同的紙袋中。爲了避免熱食冷掉，可以在袋口折雙折。同時，並將商標面向顧客。

6.感謝顧客光臨

當顧客拿好食品離開櫃台時，服務人員應真誠地說：「謝謝惠顧」、「歡迎再度光臨」、「謝謝光臨」、「祝您愉快」等祝頌之語，使顧客留下較好的印象。

在這種標準的服務顧客的六個步驟背後，公司要求服務員

做到「用心待客」。特別是做鐘點工的女孩子，她們的服務禮貌週到、動作迅速準確、親切熱情自然、音量大小適當。

儘管服務標準整齊劃一，但她們不會像機器人一樣重覆同一個口令和動作。

二、59 秒快速服務

現代速食以爲顧客提供簡單、快捷、方便的服務爲重要標誌。「快」，是這個時代的最大特徵，也正是魅力所在。

當顧客走進肯德基用餐可以看到 20 多米寬的前台，擺放著十二三台收銀機。每台收銀機前有一位服務員，負責顧客點餐、收款以及交付食物，職責明確，減少了出錯的可能性。

爲突破自己、挑戰極限，推動「挑戰 59 秒服務」活動，承諾「我快，所以你更樂」。這項活動意味著購買食物和飲品，無論數量多少，在下單的那一刻起，不到一分鐘，你所要的食品就會擺在你的面前。如果超過了 59 秒，餐廳就要受罰：免費請你享用一支圓筒冰淇淋，並且向你誠意致歉。

在爲顧客下單之前，服務員會「啪」地按下咖啡色的計時器，並說：「先生您好，從現在開始，我們將在 59 秒內提供您所要的全部食品。如果沒有完成，您將可以免費得到一個甜筒。」數以百計的肯德基店就是用這樣的方式驕傲地宣佈，在餐飲尤其是速食行業它是最快的。

59 秒服務讓人們在消費的過程中，真正體驗到快捷友善的點餐服務，體驗到其活力四射的企業文化。同時，也使人們感

受到富有創意的自我挑戰、更上一層樓的服務水準。

肯德基的服務時間可以分為兩個部份：一個是排隊等候的時間，另一個是點膳時間。服務制度規定：從顧客開始點膳到拿著食品離開櫃台的標準時間為 32 秒。

細心的顧客常常會看到經理手中拿著碼錶計算櫃台服務員的供膳速度。事後，他將服務員叫來，對她說：「我剛才測了你的 10 次服務時間。排隊時間還不算長，但在櫃台的時間平均達到了 42 秒。顧客並沒有數量很大的點膳，也沒有特別的點膳，存貨也相當充足，42 秒長了一點。這樣，你還達不到訓練員的標準。」

有時，經理會同服務員一道分析耽誤時間過長的原因：

「是不是配膳花的時間太多？」

「是不是等待顧客開始點膳的時間太久？」

「是不是沒有把點膳單放在讓顧客容易看清楚的位置上？」

「是不是沒有主動幫助顧客決定點膳的項目？」

通過不斷努力與認真指導，公司要求儘量把櫃台服務時間縮短到 32 秒。為了進一步提高服務速度，現在已經統一安裝了一套店頭銷售系統。

或許對於兒童而言，是樂趣無窮的就餐之旅，也是成長過程中的重要記憶。但是在本質上，肯德基就是效率的化身，可以在最快的時間裏獲得預期的東西，肯德基將一個龐大的人群從家庭廚房解放出來，使就餐變得既簡單又快樂。

為了保證速食店的速食名副其實，肯德基想了許多其他行

之有效的措施：

- 廚房工作人員技術嫺熟，能在 50 秒內將顧客所需食物做好，服務人員能夠在最短的時間內將食物調配包裝好。
- 為了節省顧客等待的時間，所有速食店都採取自助餐形式。
- 食物做好後，立即裝在紙盒或紙杯裏，顧客只需按照順序就可以自行將冒著熱氣的食物取走。
- 餐廳服務人員的主要任務就是保證源源不斷地運送食品，從而節省了大量的人力和時間。
- 為緩解高峰期餐桌不夠和人流擁擠的狀況，店內不設公用電話，也不設投幣式點唱機等裝置，以減少顧客逗留和消磨的時間，使餐桌週轉快、顧客流動快、速食食品送到顧客手裏快。
- 許多顧客就是因為喜歡速食店的快捷和方便而一次次光顧，使生意越做越紅火。

三、微笑是可貴的附加商品

顧客來餐廳用餐，不僅重視食物的口感，更注重在店裏的氣氛。肯德基營造了一個充滿微笑的溫暖空間，這也是在其他速食店所看不到的。在肯德基用餐，特別能感到溫馨的氣息。因為每一位員工是如此的有親和力。這讓顧客深感不僅只是一家速食店，更是一個播撒歡樂和愛的地方。

在肯德基餐廳就餐，顧客除了享受美食，還可以享受到工

作人員的微笑服務。「微笑」是特色，所有店員都面露微笑，讓顧客覺得很有親切感，而忘記一天的辛勞。

1. 微笑檢查與微笑比賽

經理一再地對服務員交代說：

「當然，快速服務是很重要的。但是像打乒乓球一樣的服務態度並不會讓顧客產生受到歡迎的感覺。經常保持微笑，讓顧客始終感覺你很真誠，是非常重要的。微笑不會成為任何事情的障礙，但更重要的是要笑得自然、清新，店內的微笑溝通是行銷管理中的重要一環。」

公司規定，在服務的六個基本步驟上，微笑必須貫徹始終，並使用微笑檢查和微笑比賽的方式來加以保證。

自從進行微笑檢查以後，服務的六個標準步驟實際上變成了七個步驟，因為在向顧客問好並說出「歡迎光臨」之前，必須首先露出微笑，而且絕不因為顧客的反應而改變微笑的面孔。

當問到服務員為什麼要微笑服務時，他們會異口同聲地回答：

「我們有『微笑檢查』。合格的服務員將獲得一枚微笑胸章，而在微笑比賽中獲得優勝的餐廳才能把『微笑：免費』的字樣寫在店堂的菜單上。」

微笑檢查的執行者是餐廳的中心經理，而地區督導員則是比賽的總裁判。微笑檢查的目的不僅是為了提高餐廳服務員的禮貌和朝氣，讓服務員感到工作崗位就是「戰場」，同時也是為了提高餐廳的形象。

顧客的回報會讓服務員感到工作崗位也是一個令人愉快的

「戰場」,這就使服務員感到微笑服務並不是一件十分被動和勉強的事情。正是根據他們的「微笑」程度來決定調整工時薪金幅度的,這意味著操作的熟練程度僅僅是做好服務員的基礎,而「微笑」才是決定他們工作報酬的基礎。

正如一位服務員說的:「只要積累了一定時間的經驗之後,誰都有能力做到快速服務,微笑服務則不同。計時工作人員只有在餐廳裏工作時有一種滿足感,他們才會有真誠的微笑。」

2.自然清新是微笑的秘訣

不僅是憑著食品的品質獲勝,也是憑著服務員們真誠的微笑贏得了顧客。什麼才是自然和清新的微笑呢?有明確的規定,即心存友善,讓顧客明確感受到你的誠心誠意,因此要嘴角上揚。

肯德基認為服務人員發自內心的微笑是最動人的,但長時間的工作會使身體變得疲勞,從早到晚都維持微笑不是一件容易辦到的事情,輕鬆自然的微笑變得尤其困難。經過實踐和研究,肯德基總結出一套使服務人員微笑服務的秘訣與方法:

(1)經常進行快樂地回憶,並努力將自己的工作維持在最愉快的狀態。

(2)在工作一天后儘量保證充足的睡眠。

(3)店長要以身作則,以「笑容滿面」來影響其他服務人員。

(4)即使在最繁忙的時段,服務人員也要儘量使自己放鬆,因為這樣才能使自己微笑起來輕鬆自在。

(5)長時間的工作後感到非常疲勞時,可以抽空去一趟洗手間,放鬆自己,保持微笑。

(6)店長要常提醒自己「我的笑容對全體服務人員能否快樂地工作起到決定作用」，以此來督促自己總是「笑容滿面」。

在任何一家肯德基，隨時都可以聽到愉快的笑聲，看到服務人員真誠、愉快的笑臉，從服務人員的笑容中，顧客可以體驗到友好、融洽、和諧的歡樂氣氛，從而深受感染樂在其中。

心得欄

- -

- -

- -

- -

- -

- -

連鎖秘訣 8：肯德基的工讀生訓練

肯德基自成立以來就把員工訓練當作企業運作的一部份來看待，把它作為肯德基公司的一個長期任務，公司擁有一套嚴密的訓練體系。

一、試工培訓

對面試合格即將來上班的新工讀生來說，對自己能夠成為肯德基的一員抱著很大的期望，但同時又因為沒有多少預備知識，對今後自己到底與那些人一起工作，到底會幹些什麼工作等感到很不安。為此向新工讀生灌輸文化，消除新工讀生心中的不安，促使其帶著美好的憧憬投身到即將開始的工作中去。

按照規定，店鋪對第一天來上班的工讀生必須進行試工培訓，通過電視錄影的觀看以及規章制度、作業崗位和店鋪、辦公室的介紹等獲取對店鋪的第一印象，讓新工讀生對肯德基是個什麼樣的企業，其宗旨和奮鬥目標是什麼，對工讀生有些什麼樣的要求以及今後自己將在什麼樣的環境中工作等方面有所瞭解。下面是對新工讀生進行試工培訓的具體步驟：

(1)工讀生管理總賬的記入。

(2)僱用合約書的做成，記入內容和印章的確認。

(3)同意書和身份證明書(是否未滿 18 週歲)的確認。

(4)電視錄影《肯德基歡迎您》的觀看。

(5)工資卡的做成和說明。

(6)訓練表的做成和說明。

(7)掛在胸前的標牌的做成和說明。

(8)訓練程序的說明。

(9)日程表的說明。

(10)工資的說明(時薪和發工資日等)。

(11)時薪和評價的說明。

(12)休息時間和用餐的說明。

(13)儀容和衛生管理的說明。

(14)店鋪規定的說明。

(15)揭示板的說明。

(16)結合工作和店鋪的說明進行店內嚮導。

(17)向其他負責人進行介紹。

(18)接受工讀生的提問。

店鋪工讀生手冊對各種制度進行了詳細的介紹,是新工讀生瞭解肯德基的重要途徑,以下是其主要內容:

(1)歡迎來到肯德基!

(2)什麼是肯德基?

(3)基本經營理念。

(4)作息制度。

(5)工資制度。

(6)評價制度。

(7)「工作崗位觀察檢查表」(SOC)的說明。

(8)退職和解僱。

(9)儀容。

(10)經理的指示。

(11)有關操作。

(12)介紹朋友，提案制度。

(13)肯德基歡迎您！

(14)在肯德基工作的好處。

對何時進行新工讀生的試工培訓，都是根據計劃而行的。在培訓的當天，工讀生訓練經理會根據新工讀生的人數準備好工作服和教材，在最初的 30 分鐘一般是邊看電視錄影，邊進行企業概要和規章制度的說明，然後就是店鋪環境的介紹。另外，因為對一個進入新集體從事新工作的工讀生來說，其適應速度和熟練程度會因人而異，因此試工培訓除了在新工讀生上班第一天集中進行以外，在以後的 1～2 個星期的實際工作中也不斷地由經理或訓練員見機實施，直到新工讀生能夠完全融入集體中為止。

下面讓我們來看看培訓的其中一個片段：

「早上好！真準時！」新工讀生一來到店鋪，工讀生訓練員就馬上走過去熱情地打招呼，同時還不忘表揚一句。

「你所在的大學我知道的，足球很厲害吧！好像在全國大學生運動會上還得過名次！」在帶領新工讀生去工讀生休息室途中，訓練員故意講一些與工作無關的話題來消除新工讀生的緊張。

「大家好！這是今天第一天來上班的某某，以後請大家多多關照！」進入工讀生休息室，訓練員將新工讀生介紹給在那裏休息的工讀生們。

「你好！我是某某，請多關照！」「你好！我是某某，要加油幹啊！」……工讀生們都站起來一一進行自我介紹。

「你們好！我是某某，以後請大家多多關照！」站在那裏的新工讀生也不好意思地小聲回答道，顯然他對同事們的熱情有點意外。

於是訓練員將已經經過尺寸核實的工作服交給新工讀生，請他換上，然後又詳細地說明了休息室的使用方法，比如在那裏放有什麼東西、什麼時候使用、怎麼個用法等，還有打招呼的方法、洗手的方法以及對儀容的再次檢查等。

「洗手的時候要將手錶取下。」

「手指甲最好再剪短一點，否則看起來不太衛生。」

訓練員對自己注意到的地方又進行了重點提醒。負責試工培訓的訓練員回憶起自己來第一天是帶著怎麼樣的一種心情時，更體會到在試工培訓時努力消除新工讀生的緊張和不安是多麼重要。

接著訓練員又領著新工讀生走向店鋪，在店內外轉了一圈，對那裏的鐵板區域、油炸區域、飲料櫃台、POS 收銀台、店堂的客席、盥洗所、廁所以及原材料倉庫、停車場、垃圾放置場、汽車餐廳服務區域的週邊等各個區域進行了說明。

兩人進入廚房時，「大家好。」訓練員響亮地與在那裏工作的工讀生們打招呼，新工讀生卻站在邊上只輕輕張了一下嘴巴。

「重新再來一次。」聽到一旁工讀生經理的訓斥後，新工讀生竟低下了頭，紅著臉待在那裏不知所措。

於是一直在邊上觀察的店長走過來，拍了拍新工讀生的肩膀，親切地說道：「別緊張，打招呼是與人交流的第一步。再試一次。」

「大家好！」這次新工讀生幾乎是用足力氣大喊一聲，引得工讀生中有幾個人笑了起來。

「別緊張，聲音可以再小一點，就像平時與朋友打招呼那樣就可以了。別看他們現在笑你，其實最初誰都一樣。」店長又進行了一番安慰……

面試合格的新工讀生在今天來店之前，其實一直處於不安狀態，可是這時卻覺得不安感已經不知不覺地消失了，開始對自己說「我一定行的」，並對今後的工作充滿了信心。

一般來說，最讓新工讀生感到不安的有兩個方面：首先是有關工作的內容，主要是到底幹些什麼工作、自己是否幹得了等；其次是有關店鋪的人際關係，主要是大家會不會接納自己、自己能不能與大家交上朋友等。所以對店鋪來說，利用試工教育，通過新工讀生親自對工作環境的觀察和與店鋪負責人、工讀生們的接觸可以讓其逐漸打消顧慮，增強工作自信心。

二、工讀生培訓

完成了試工培訓的初級（C 級）工讀生在正式進入工作崗位時，首先要接受崗位培訓，培訓分基礎訓練和營業清閒期訓練

兩個部份,由工讀生訓練員根據 SOC 規定實施。

SOC 的全稱爲「崗位觀察檢查表」(Station Observation Checklist),是進行工讀生培訓的一種方式。它主要是對作業以什麼樣的程序開展、到何種程度才算達到標準等進行詳細教育,也是對工讀生的操作是否符合作業指南進行確認的評價資料。

新工讀生的基本操作課程訓練共有四個步驟,分別是準備、說明、執行和事後考核。

準備是指正式訓練以前的準備工作。訓練員務必讓每個新來的工讀生瞭解何時、何地、何人、做什麼、爲什麼、怎麼做。在訓練員的指導下,準備工作的具體內容是制定排班表。工讀生上班的第一天,主要是接受基本操作的訓練。

現在大部份餐廳都分期舉辦工讀生講習班,以幫助工讀生熟悉工作的環境和氣氛,緩解他們剛剛進入一種新環境由於不習慣導致的拘束和不安,使他們儘量放鬆以早日融入新的工作環境。

講習不僅是訓練員給工讀生說明講解,或要求其背誦營業手冊,更重要的是訓練員的親自示範。然後,要求工讀生學著做一遍,這就是「說明和執行」的步驟。訓練員在一旁觀察工讀生的操作過程,並及時糾正做錯的地方或遺忘的地方。經過反覆的實踐和指正,直到工讀生完全學會爲止。

每次講習的時間大概持續一個半小時。訓練員和工讀生都可以領取講習薪金。

每次舉辦講習班之前都要有充分準備,除了分發給每個工

讀生一套肯德基制服外，還要準備好服務員手冊、幻燈機或錄影機、計時工作人員就業法則、營業手冊、排班表、工作計時卡。

講習開始的時候一般是訓練員先自我介紹，接著放映公司內部製作的《歡迎加入肯德基》的幻燈片、影片或錄影帶，主要是介紹創業史，使員工有一定認識和瞭解，以及向新員工說明理念、組織以及團體合作的樂趣。

介紹性錄影帶一般只有 20 分鐘，因為人們能一直忍受或者說專注的限度只有 20 分鐘。也就是說，要在 20 分鐘之內，把幾十年來的經營經驗加以歸納並說明。如果有必要的話可以多放幾次，增強效果。

現在，公司擁有這種錄影帶 30 卷，以便教育工讀生，讓他們對操作過程有一定瞭解後可以立刻上陣作戰。

看完錄影後，一般會向工讀生解說《服務員手冊》的內容。接下來是向他們分配制服和農帽櫃並帶領他們參觀他們將在裏面工作的餐廳。重點是參觀操作間、倉庫、廚房和櫃台，順便也要參觀辦公室。訓練員會一邊帶著工讀生參觀，一邊為工讀生講解不同地方、不同員工的操作方法。最後，訓練員要說明計時工作卡的使用方法，並與工讀生一道確認排班表上的下一次上班的時間。

正式上崗前，工讀生還須進行執行訓練，它一般需要 30 個小時左右。訓練共分七個階段進行。除第一階段是講習外，每個階段都要按照訓練檢查表上提示的訓練目標和所需要時間一一進行訓練和考核。每個階段都有不同的內容。

通常只有前一個階段的訓練通過以後，才能開始後一個階段的訓練。通過考核後，訓練員要在每個階段的位置上簽名以作證明。

由於在一般情況下，女性新僱員會被分配到櫃台服務的崗位上工作，男性新僱員則會被分配到生產產品的崗位上工作。但是無論到那種崗位上工作，都必須通過規定的服務基本訓練（BCC）。

櫃台的服務訓練（女性訓練）由以下部份組成：向顧客問好，詢問顧客的點餐，提出建議，準備顧客所點的食品，在視窗再次向顧客問好，計算金額並收款，將食品送到顧客手中，表示感謝，歡迎再度光臨。這個過程要求工讀生始終保持微笑的形象，而且要在規定的 32 秒內完成。

在廚房的工作更加要經過嚴格的崗前訓練。訓練員先要把各種食品的製作教會工讀生。例如，訓練員第一天要教工讀生學會製作巨無霸漢堡。他詳細地介紹材料的名稱和保管的地方，然後給工讀生詳細講解製作方法並作示範，之後，要求工讀生依同樣方法再做一個。工讀生操作的時候，訓練員則站在旁邊指導。

工讀生訓練完成後必須進行考核。使用了一套有效的考核方法，除了背誦《服務員手冊》，更重要的是對操作能力的考核。新來的工讀生在操作時，訓練員則站在不遠的地方觀察，看看工讀生完全學會了沒有。即使工讀生的動作頗為生疏，但只要他的操作不至於造成「品質、服務、清潔」標準的問題，他們就會讓工讀生一直操作下去，不滿意的地方一般則會抽空從旁

指導一下。

　　完成崗前訓練只是訓練員工的第一步，工讀生分配到工作崗位以後還要在實踐操作中接受進一步的訓練，而這則是更爲重要的。開始上崗工作以後，每個工讀生要繼續各種製作的學習，包括製作麵包和炸薯條的工作。這樣，每個工讀生不久以後都能成爲肯德基的全能工作者。

　　工讀生在上崗工作之後，還要經過一段時間的工作實踐，以使其基礎操作知識的運用逐步達到嫻熟的程度。如果還想繼續升到更高的職位，如訓練員或部門經理等，則必須以在職訓練的方式完成另外兩門課程：一門是服務員基本操作課程，另一門是服務員高級訓練課程。

　　前者和後者的主要區別在於在完成同樣工作的品質上。基本課程僅要求接受訓練者達到設定的工作標準即可，而高級課程則要求接受訓練的員工能夠把工作做得更好、更快，後者需要很強的判斷力和高度集中的注意力。

　　服務員高級訓練課程的內容分爲兩部份。一部份是櫃台作業課程，又細分爲八個階段，需要 12～13 個小時。這八個階段是入門、服務乘清潔、微笑和促銷、態度和動作、炸薯條和食品的裝盒、判斷力、店堂的應酬、最後檢查。另一部份是行銷作業訓練課程，分爲六個階段，也需要 12～13 個小時。

　　由於升至較高的職位可以獲得較高的薪水，工讀生一般都非常自願地參加訓練，以提高自身的服務技能。但有的時候，當經理看到某些工讀生的表現和素質頗有發展潛力，也會主動勸說他們，要他們再接再厲去參加高級課程的訓練。

通過這個高級訓練課程不僅可以大大提高工讀生的服務技術，而且能在服務員互相的比賽中把整個餐廳的氣氛帶動起來。

如果一個餐廳能形成如此活躍的氣氛，則表明這兩門課程訓練的最終目的——提高服務中的挑戰精神——已經達到。

訓練的具體內容和步驟詳見表 8-1 和表 8-2。下面讓我們結合圖表來看看初級工讀生訓練的一個片段。

表 8-1　初級工讀生（C 級）基礎訓練程序

試工培訓（50～60分鐘）	作業崗位的說明（20～40分鐘）	實行和觀察（10～20分鐘）	SOC 的說明（10～20分鐘）	疑難問題的回答（20～30分鐘）	SOC 檢查（10～20分鐘
①在辦公室觀看電視錄影，由訓練員進行公司概況和諸規定說明②對洗手方式及儀容進行檢查③進行店鋪內的引導，對各個區域進行說明	①進行個別的 SOC 的崗位指示②由訓練員對每個崗位的名稱、設備和機器的使用方法進行說明	①工讀生在訓練員的觀察下操作②工讀生參照訓練員的做法再次實施	①進行提示②依照 SOC 進行逐步操作	①訓練員邊回答工讀生提出的問題，邊進行示範操作②工讀生反覆進行操作實習	①訓練員檢查工讀生的操作方式②將檢查結果記入表格，作出是正確還是錯誤的判斷

表 8-2 　初級工讀生（C級）營業清閒期訓練程序

檢查（10～20分鐘）	訓練員跟隨（10～20分鐘）	工讀生自我彙報（20～30分鐘）	錯誤項目的檢查（5～10分鐘）	最終檢查（5～10分鐘）
①由訓練員進行正確和錯誤的評判②工讀生進行自我練習③在營業清閒期由訓練員進行檢查	①進行錯誤項目的跟隨②訓練員出示規範操作	①工讀生對錯誤項目進行改善②進行自我彙報	訓練員再度進行檢查	營業清閒期的檢查全部完成後，向工讀生訓練經理彙報，接受經理的檢查

1. 基礎訓練

基礎訓練（Initial Training）的時間為 120～190 分鐘，其程序如下：

(1)試工培訓（50～60 分鐘）

(2)作業崗位的說明（20～40 分鐘）

(3)實行和觀察（10～20 分鐘）

這時，有一對母子手牽手地走進店鋪，訓練員馬上微笑著迎上去。

「歡迎光臨！請問您要些什麼？」

「一份炸雞。」

在訓練員正忙著收錢和遞交商品時，又有一位顧客走了進來，於是訓練員對新工讀生說：「這位顧客就由你來接待吧。」

也許是因為第一次，新工讀生的服務顯得較倉促，臉上的笑容也有點僵硬。訓練員就站在一旁，以便在新工讀生一個人應付起來困難時去幫忙。

「嗯，不錯，進步很快！」「對！就這樣。」觀察了幾分鐘後沒發現什麼問題，訓練員感到很滿意，表揚了新工讀生。

(4) SOC 的說明(10～20 分鐘)

手拿 SOC 的工讀生訓練員站在店堂櫃台裏，他的身邊是已經完成試工教育的初級工讀生。「好！現在讓我們開始吧。請不要緊張。」訓練員微笑著開始向工讀生進行櫃台服務要領的說明。

「當顧客進店時，首先要打招呼。要做到聲音響亮、語氣親切、口齒清楚，還要注意說話速度。」訓練員結合自己的工作經驗，向新工讀生說明怎樣做才能使來店顧客有賓至如歸的感覺。

「你一定聽說過微笑服務吧？親切的招呼聲和燦爛的微笑對來店顧客來說是一種享受。」訓練員對微笑服務進行了詳細的說明後，又告訴工讀生最好能夠記住店鋪熟客的長相和名字，在熟客來店時如果能夠馬上認出他或叫出他的名字，那麼顧客一定會很愉快。

「在進行所需商品籌備時，首先要對商品進行正確無誤的收集。這是很重要的。」訓練員又對主要作業的操作要領進行了簡單易懂的說明，並不時地親自操作給工讀生看。工讀生在一旁認真地注視著訓練員，不停地點著頭。

接著訓練員又說明了有效的推薦販賣方法以及遞交商品、收銀時的注意點。

「遞交商品時，要將紙袋折疊兩層，商標要面向顧客，如果託盤裏的商品很多，那麼要注意將託盤輕輕地滑向顧客一

方，這樣飲料等就不會潑出來了。」

「輸入銷售金額後，將紙幣攤開來確認後再找錢，至於大面額的紙幣必須放進收銀台抽屜的最深處。」訓練員在進行操作要領的解說時，總是會不斷地觀察一下身邊的工讀生，以確認他是否已經理解。

「在工作之前必須洗手。先用流水將手肘以下的部份打濕，沾上洗滌劑後再用刷子刷，尤其要注意手指和手指間的部份，用流水沖洗後用紙巾擦乾，最後不要忘記用殺菌酒精消毒。另外，千萬注意不要用圍裙擦手，因爲細菌是無法通過肉眼看到的。」向新工讀生灌輸衛生知識、教育新工讀生養成正確的衛生習慣是訓練員的一項重要任務。

訓練員大約用了近 1 個小時對整個店鋪的作業流程進行了說明，在確定新工讀生已經真正理解後，開始安排新工讀生的實際操作。

(5)疑難問題的回答(20～30 分鐘)

「到現在爲止，你有什麼疑問？有那些不明白的地方請儘管問。」訓練員開始問新工讀生的操作體會。

「對顧客的點菜要求不太聽得清楚的時候該怎麼辦？」「飲料和薯條準備好後，漢堡卻賣光了。這個時候該如何處理？」「如果是小孩子一個人來店，應該特別注意什麼？」新工讀生通過剛才自己的實際操作，發現了很多疑難問題，就一股腦兒地向訓練員提了出來。訓練員一一解答後，也提出幾個問題以檢查新工讀生對操作要領的掌握程度。

弄清了疑問後，新工讀生又繼續進行作業。

(6) SOC 檢查(10～20 分鐘)

初級訓練的最後一項內容是訓練員對新工讀生的操作動作進行檢查。這時訓練員會靜靜地站在新工讀生身旁，一邊檢查著新工讀生的操作，一邊將檢查結果記入 SOC 表格，記錄是正確還是錯誤，最後將 SOC 表格放進專用立櫃中的文件夾進行保管。

2.營業清閒期訓練

營業清閒期的訓練(Slow Training)時間為 50～90 分鐘，其程序如下：

(1) 檢查(10～20 分鐘)

基礎訓練結束後，訓練員將檢查結果告訴新工讀生，向新工讀生說明那些地方已經過關了，那些地方還存在著錯誤需要糾正，然後新工讀生根據檢查結果再次進行自我練習，並在營業清閒期時接收訓練員的再次檢查。

(2) 訓練員跟隨(10～20 分鐘)

「嗯，有很大進步。但是還有幾個地方必須改正。」訓練員指著 SOC 表格中記錄的錯誤項目，告訴新工讀生還有個別動作沒有做到位，應該在操作中再仔細體會一下自己的動作是否完全規範。訓練員在進行操作要領的再次說明時又親自示範了幾次。

營業清閒期的訓練的最大目的是要求新工讀生將在基礎訓練中學到的東西在實際操作中進行體會和貫徹。

(3) 工讀生自我彙報(20～30 分鐘)

新工讀生仔細觀察著訓練員的規範操作，似有所悟地點著

頭，然後又開始模仿起來……訓練員在邊上看了一會兒後，就悄悄走開去忙別的工作了。

新工讀生根據訓練員的教導，對以前存在的錯誤操作反覆進行了練習，大約 20 分鐘後已經確定沒有什麼問題了，於是向訓練員彙報道：「已經可以了，請求再次檢查。」

(4)錯誤項目的檢查(5～10 分鐘)

訓練員接到新工讀生的自我彙報後，又再次進行了檢查，認為一切合格後，就向訓練經理進行彙報，請求最終檢查。

(5)最終檢查(5～10 分鐘)

接到訓練員彙報後的訓練經理立即開展最終檢查，以確認新工讀生是否已經完全掌握初級訓練內容。如果訓練經理的最終檢查合格，那麼新工讀生就是一名合格的 C 級工讀生了。

營業清閒期的訓練是新工讀生訓練的第二步驟。完成了初級訓練的工讀生將接受第三步驟的後續訓練 I(Follow-up Training I)和第四步驟的後續訓練 II(Follow-up Training II)，全部合格後接下來就是第五步驟的營業高峰期的訓練(Peak Training)。

在進行工讀生訓練時，並不只是按部就班地按照訓練手冊機械地操作，而是對每一項訓練內容都進行「為什麼要這樣做」的理由說明，讓工讀生在充分理解作業內容的重要性和必要性的基礎上貫徹實施。

連鎖秘訣 9：督導員的督導業務方式

「肯德基不僅僅是一家餐廳。」這句話精確地涵蓋了肯德基集團的全球經營理念。

在全球肯德基的整體制度體系中，餐廳的營運是很重要的一環，每一個細節的執行都關係到能否體現經營理念，以及能否通過餐廳的人員將歡樂和美味傳遞給每一位顧客。為使每一個部門各盡職能，精益求精，發揮團隊合作精神，致力於達到「百分百顧客滿意」的目標，肯德基制定了非常完善的店面運營管理制度。

1.把握經營的 13 個重點

所謂 13 個重點，就是「週報表」或是「月報表」在彙編時都要運用的 13 個重點。這 13 個重點分別是：

營業額	顧客量	顧客平均消費	週轉用的現金
收銀機操作錯誤	其他銷售損失	食品原料	價格
作廢處理	人員工資	電費	水費	煤氣費

如何控制計劃和實際之間的誤差？

通常週報表是在打烊之後做的，而每月的損益表是以每小時或每天的損益累積做成的，每一個步驟都經過縝密的思考。因此，在嚴格的制度下，錯誤的允許度極小。經理每檢查一次

收銀機系統記錄的營業狀況，就會印出報表，不論是正式職工，還是兼職人員，都必須嚴格控制這 13 個重點。

因為在肯德基的制度下，每小時是每日營業的基礎，每日是每星期的基礎，每星期是每月的基礎，只有切實查看每一個細節的經營情況，才可以掌握全部的營業情況。至於查看細節的原則，則以是否合乎預估、計劃為主。

2.合理地節省能源

所有的店面中都施行「色點標示系統(dot system)」，將店內各種能源的使用時間均改為預先設定值。而色點(dot)的用意，是將不一樣的顏色和圖形的小紙片貼在電源的開關上，以易於識別每種機器的開關時間。

同時，計時工作者也因而可以清楚地分辨每一種機器的開關時間，進而達到節省能源的目的。

此外，要每天檢查水電、煤氣表，每個星期及每個月都記錄使用量，並與上個星期或上個月的記錄做成能源表相互比較，一旦發現異常，立刻找出原因並擬訂對策解決。

企業經營的目的是利潤最大化，即賺更多的錢。如何才能獲取更多的利潤呢？歸結為一句話就是「開源節流」，開源就是吸引更多的顧客，銷售更多的產品，節流就是降低生產和管理成本，節省開支。

肯德基雖然已經成為世界上最大的餐飲連鎖集團，但還是通過各種有效途徑儘量降低每家連鎖店的費用成本。餐廳主要通過能源一覽表、機器設備維修記事表以及機器設備調查等途徑展開節能活動。

　　餐廳的日常運作中，當班店鋪經理主要通過「Fire up schedule」對廚房機器的電源進行控制，尤其是在營業清閒時期，更要根據當時的營業銷售額來調整機器的使用狀況，關閉暫時不需要使用的機器開關。

　　這項工作可以由經理親自實行，但在大部份場合，爲了培養店鋪員工的節能意識，經理一般命令員工去完成這項工作，然後自己進行再次確認。

(1)檢查廚房內部的中央部份。

　　檢查人員要彎下身子去仔細觀察鐵板區域的機器，關閉不必要的電源開關，並確認控制顯示器是否已經熄滅、排氣扇是否已經停止轉動等情況。接著是麵包烤爐和蒸汽機，要檢查未使用機器的電源開關是否關閉、蒸汽機是否有漏水等情況。

　　在對油炸機的運轉情況進行確認和調整後，檢查人員走到冷凍箱和冷凍庫的後面，用手觸摸，感覺外壁是否有凹陷和冷斑，並檢查電容器是否清潔，有沒有附有冰霜和灰塵。如果發現堆有灰塵，則今後應該注意縮短該機器的維修清掃週期，同時還要通過試驗操作檢查插銷和墊片的狀態是否良好，檢查完冷凍箱和冷凍庫的後部後還要對前部情況進行檢查。

　　在對軟冰淇淋和水果奶油冰淇淋機器的壓縮機、電容器和篩檢程式的運轉情況進行確認後，對咖啡機、熱巧克力機和漢堡保溫庫進行檢查。接著是制冰機，主要檢查制冰時間和制冰的數量及給水狀態等。

　　然後是廚房最裏面的燒水器，如果發現開關是關閉的話可以通過再次點火確認顯示器的狀態。接著是水槽，要檢查出水

口和蓮蓬頭的狀態是否良好、墊片有無磨損、有無漏水現象等。

(2)巨型冷凍箱和冷凍庫的檢查。

檢查完店鋪內部的機器後，檢查人員來到廚房後院開始檢查巨型冷凍箱和冷凍庫，主要檢查門的插銷和墊片有無問題，有無附有冰霜，蒸發機的篩檢程式是否能夠正常工作等情況。接著又對冷氣機、冷卻塔、排風扇以及廚房和室外的各種部件的情況進行確認。

(3)餐廳客席及廁所的檢查。

最後檢查人員對店堂的客席進行檢查，在確定所有的設備都沒有問題後又開始檢查天花板，對那裏的排氣口和照明燈等情況進行確認。

接著是廁所，在檢查了環境和機器部件的清潔衛生情況後要對便器的流水情況進行確認，因為廁所的日人流量很大，水流必須保證能夠流暢地將衛生紙沖走，否則會很不衛生，但是如果水流量太大又會造成用水的浪費，所以必須進行合理調整。

3.「神秘顧客」視察業務

肯德基常採用「神秘顧客」的手段來檢查監督加盟店的產品、服務品質，其效果十分良好。肯德基的督導在評估各店面的標準時，他可能會扮成一般顧客，在櫃台前買一個漢堡、一包薯條、一杯熱咖啡……

作為神秘顧客，肯德基會給你安排一個時間，以一個普通消費者的身份到指定的餐廳就餐，通過實地的觀察體驗，瞭解其清潔、服務和管理等諸方面問題，掌握餐廳的實際經營情況，找出漏洞。

　　而且那天你的餐費、來往的車費統統由公司負擔。只是你要將這些所獲的「情報」整理成報告，遞交給相關部門。這種花錢買破綻的方法，最大好處就是能幫助及時發現並改進、解決所存在的問題，做到藥到病除，乾淨俐落。

　　神秘顧客並不是真正要吃這些食品，而是檢查盤中的東西，然後巡視店內的每個角落，同時，他也會測定櫃台服務的時間。等到全部視察過後，他會找到副經理，將剛才看到、視察的結果說給副經理聽，將需要改進的地方提出來。

　　這種對平時營業狀態檢查的方法被稱為管理巡視報告檢查。另外一種叫實地全面檢討，它和巡視報告檢查原理相同，只是時間較長，有三天的調查作業。而兩者的目標都非常明確，即以 QSCV 為出發點，來視察店面的業務進行狀況。

　　另外，內部還要定期抽查，彌補管理上的漏洞，肯德基系統內有三種監察制度：

　　一是每月考評；二是總公司監察；三是監察表。

　　第三種監察制度是採用抽查制，每年一次，在選定的分店中實施。查閱的資料可分為三種：

　　一是與現金有關的資料；二是和資產相關的資料；三是與勞務有關的賬務資料。

　　另外，從貴賓券、商品券至銀行帳戶、日報、月報表，甚至從查賬至金庫，重要檔案及印製的安全管理條例，全部在監察的範圍之內。除此之外，每個月和每年都會在每一個店中實施一次核查，核查的對象是現金、存貨與人員，由地區督導主持進行。

連鎖秘訣 10：如何規劃你的餐廳設計

　　除了地點外，肯德基的餐廳設計，也成爲餐廳經營成敗的關鍵，餐廳設計必須與其定位相一致，必須能表現餐廳的形象。餐廳設計一般包括外觀與內貌設計。

　　餐廳外觀包括餐廳的建築外形、尺度、線條、色彩、入口等，具體構成要素有門窗裝飾、招牌、人物造型、看板、霓虹燈、招貼畫、入口空間、櫥窗展示、停車場、綠化等。餐廳外觀設計是餐廳設計中的一個重要組成部份，承擔著吸引顧客、招攬生意的任務，具有吸引顧客、傳達資訊、促進銷售等功能。製作精美的外觀裝飾是美化營業場所、裝飾餐廳、吸引顧客的一種重要手段。

1.外觀設計的要素

　　餐廳外觀設計的主要要素如下：

　　(1)店面。店面是指餐廳本身所有的實體外觀，包括店鋪、入口、櫥窗、燈光和所使用的建築材料。通過店面，餐廳可以向顧客表達一種保守的、流行的、慷慨的、吝嗇的或其他形象。餐廳不應該低估店面作爲形象決定性因素的重要性，尤其對新顧客而言。當顧客經過一個不熟悉的餐廳時，他們常根據外觀判斷一家餐廳的好壞。

　　除了真正的店面，餐廳前面的樹木、噴泉和長椅都能增添

餐廳氣氛，通過營造輕鬆環境強化顧客對餐廳的感情。

(2)店牌。店牌是用來展示餐廳名稱的標記。它可能是油漆的或霓虹燈式的、印刷體式的或手寫的、單獨的或同標語（商標）及其他資訊組合在一起的。為了產生效果，店牌應突出且能吸引注意力。店牌可以是華麗的或俗氣的、典雅的和精緻的，這些都將影響餐廳形象。

(3)出入口。餐廳入口應精心設計，並且要作三個主要決定：

①決定餐廳入口的數量。很多小餐廳只有一個入口，大餐廳可能有 4～8 個或更多的入口。餐廳如果希望吸引駕車者和步行者，應至少有兩個入口（一個在店前吸引步行者；另一個在店後，緊挨停車場，以吸引駕車者）。店前入口和店後入口有不同的作用，所以要分別設計。應當注意入口過多會造成商品失竊率上升，一些都市的餐廳為節約保安費用而關閉了若干入口。

②餐廳入口應有多種選擇。其中店門可以選擇旋轉門、電動門、普通推拉門或溫度控制門，後者是有暖或冷「空氣門簾」的敞開式入口，可使入口同店內有相同溫度。這種入口使餐廳具有吸引力，減少行人擁擠，並使顧客看到店內情況。入口地面可以挑選水泥式的、瓷磚式的和地毯式的。燈光可以選擇傳統的或螢光的、白色的或彩色的、閃光的或不閃光的。

③應該考慮店內通道的問題。寬敞、大方的通道營造出與狹窄、壓抑的通道完全不同的氣氛和情緒。在店面的設計中，大的櫥窗陳列可能具有吸引力，但必須給走廊留有足夠的空間。如果沒有足夠的空間使顧客舒服地進入餐廳，顧客是不會感到愉快的。

(4)櫥窗陳列。櫥窗陳列有兩個主要目的:

①展示餐廳及其商品的類別檔次和吸引人們進入餐廳。它們給出了許多有關商品的資訊,通過展示典型的、具有代表性的商品,餐廳可以全面表現其形象;通過展示流行餐飲或季節性餐飲,餐廳能顯示其臨時性的東西;通過展示促銷餐飲,餐廳可以吸引對價格敏感的顧客;通過展示與餐飲沒多大關係的搶眼的陳列,餐廳可以吸引步行者的注意力;通過展示公共服務資訊,可以表明餐廳關注社會服務。

②櫥窗陳列需要精心設計。許多餐廳聘請專家精心佈置櫥窗。決策項目包括數目、大小、形狀、顏色和櫥窗的主題以及每年改變的頻率。一些餐廳,特別是購物中心內的餐廳,在面對停車場的一側一般不設置陳列窗,而僅為堅固的建築外觀。這些餐廳認為駕車者不會被昂貴的外部櫥窗所吸引,而只鍾情於購物中心內的店面陳列窗。

(5)建築物。外部建築的高度和大小也構成了餐廳的氣氛。建築高度可以是隱蔽的或非隱蔽的。如果餐廳的一部份位於地平面以下,則是隱蔽的建築高度,這種建築高度對人們沒有壓迫感,而巨大的、無人情味的建築常常使人們躲避不及。如果整個餐廳能被行人看到(所有樓層都在地平面以上),則屬於非隱蔽的建築高度。因為一個餐廳的全部建築規模不能完全隱蔽,所以應調查目標市場,研究人們光顧不同規模建築物的感受。與親切的特色餐廳的形象不可能由笨拙粗大的建築產生一樣,西餐廳的形象也不可能和小的場所聯繫在一起。

(6)可見性。餐廳如果沒有良好的外觀可見性,則很少能夠

成功。這意味著行人或駕車者能清楚地看到店面或店牌，而位於公共汽車站後面的餐廳對駕車者和橫穿街道的行人而言可見性極差。因為汽車的速度很快，許多臨近高速公路的餐廳喜歡利用大的公告牌增加可見性。

餐廳的可見性可以通過外觀特徵的組合獲得，其目標是使餐廳外表獨特、突出，並吸引顧客的注意力。與眾不同的餐廳設計、精緻的店牌、凹進去的開放式入口、裝飾一新的櫥窗，以及不同建築高度和建築規模等是一組店面特徵，以其獨特抓住顧客的心。在該過程中，餐廳形象得到強化。

(7)獨特性。獨特性，雖然引人注目，但不可能沒有缺點。例如，多層「圓形餐廳」就很有特色（通常建在城市的方形街區裏），每層都設有停車位，有車的顧客只需走非常短的距離。然而，長方形的餐廳在相同的情況下可以提供更多的空間；樓下停車更為方便；許多人不喜歡車傾斜行駛或繞圈；獨特建築的成本更高。

(8)週圍餐廳。在進行餐廳外觀規劃時，應仔細研究週圍餐廳和地區。儘管餐廳的門面和建築風格與眾不同，但它們和眾多因素一起構成了餐廳形象。如果週圍餐廳是革新的或保守的、高價位的或低價位的等，那麼這一地區的整體形象有可能抹殺個別個性鮮明的餐廳，因為人們更傾向於去一個整體風格一致的美食城或美食街消費。因此，雖然餐廳的形象應與眾不同，但不能與所在地區的整體形象相背離。

餐廳形象受週圍地區，包括居住在餐廳附近居民的人口統計因素和生活方式的影響。如果該地區破壞行為較多和犯罪率

較高，或者該地區正趨向衰落，這些對餐廳構建良好的氣氛都極爲不利。

(9)停車設施。停車設施能增加或減弱餐廳的良好氣氛。充足的、免費的、鄰近的停車位(較大空間)比稀少的、昂貴的、較遠的停車位(小空間)更能創造良好的氣氛。一些潛在的顧客由於沒有找到停車位，而到其他地方去消費或回家。還有一些顧客可能爲了節省停車費用而匆忙跑進餐廳，匆忙消費，又匆忙返回。評價停車設施時，餐廳應當記住：許多人從購物區或購物中心的停車場步行到最遠的餐廳是有一定限度的，並且有些人不喜歡多層車庫。

與潛在的停車問題相伴的是擁擠問題。如果因餐廳的停車場、人行道或入口堵塞，其良好氣氛將減弱。擠在人群中的顧客通常花更短的時間消費，並且情緒也不好。

心得欄

連鎖秘訣 11：如何開發你的菜單

一、所開發菜單的特點

肯德基菜單的特點主要是簡單、美味、營養。

1. 簡單

菜單的繁簡是制約速食業成長的一個十分重要的因素。

因爲食譜簡單就意味著備餐輕鬆、交易便捷、點餐從容，而這一切自然能大大縮短時間、有效地提高速度，從而達到大量售賣食品的目的。與此同時，它還特別有利於速食業的工廠化生產、標準化製作、連鎖化經營和科學化管理。

食譜簡單，是成功的秘訣之一。

它的食譜必須總是一副「老面孔」，且保持長期的相對穩定，簡單到使人能倒背如流的地步。

肯德基的食譜輕易不進行改換，對於銷售品種項目的增加或更新，更是慎之又慎。

2. 美味

速食食品一律是模式化的，由於品種不多，加之品質把關極嚴，故十分美味。例如：

(1)漢堡。漢堡的上下麵包的厚度爲 17 毫米，肉餅是符合 JAS(日本標準協會)規定的 100%的牛肉，醃菜的直徑爲 3.5～

4.5 英寸(合 8.89～11.43 釐米)。另外,在採用高品質原料的同時,也要嚴守製作程序和烹調時間,這也是爲什麼世界各地的肯德基餐廳的漢堡都能保持相同味道的原因所在。

(2)薯條。無論在那個店鋪都能夠吃到熱乎乎的鬆脆薯條,其秘密來自於薯條電腦。經過 10 年的時間和近 300 萬美元的投資解決了以往只是依靠熟練廚師的感覺來進行操作、控制油炸程度的局面。

將冷凍的薯條投入 168℃ 的油鍋中,降低了溫度的油溫重新上升 3℃ 的時候是薯條最美味的時候,這時 3℃ 溫差的暫態感知器會立即發聲提醒作業人員。

3.營養

能量和營養的平衡關係。健康的第一步主要來自兩個方面:

①將從食品中攝取的能量與通過運動消耗的能量控制在相同程度。

②在飲食上追求蛋白質、脂類質、碳水化合物、維生素和礦物質五大營養素的平衡。

在掌握了飲食營養的基本知識以後,就應該有規律地調整每天的飲食內容,如果從數量來區分,主食爲四(米飯、麵包、面類等五穀類)、主菜爲三(肉、魚、鷄蛋、大豆製品等蛋白質類)、副菜爲三(蔬菜和薯類等菜肴)爲最佳比例的飲食安排。

一般來說,在以上各個方面進行努力的人,其飲食一定是非常健康的。

18 歲以前的人正處於生長期,需要吸收大量的營養,因此零食也是飲食生活中必不可少的一部份,約 300 千卡能量的漢

堡、乳酪漢堡以及雞塊是最合適的對象。

儘管推崇和堅持食譜簡單，但它並不抱殘守舊，而且十分
重視適時擴大自己經營的花色品種，旨在吸引具有不同餐飲需
要的顧客進店消費。

爲了盡可能地滿足大眾口味，對傳統的漢堡進行了充分的
改進，使其夾層中的那塊肉餅，已不僅僅是牛肉一種，而是增
加了雞肉、魚肉等諸多品種，從而在美國乃至全球的速食市場
上，更加牢固地站穩了腳跟。

二、菜單開發的原則

餐飲特許菜單開發，應遵循下列細則：

(1)簡潔。大多數成功的餐飲特許經營都有簡潔的菜單理
念。漢堡連鎖店便是一個很好的例子：菜單由小圓麵包和牛肉
餅構成。以這種簡潔的理念開始業務。簡潔的菜單比複雜的菜
單更易操作，因此製作和服務也都變得更容易。複雜是許多新
穎的餐廳無法特許經營的原因。複雜的菜單製作方法很難複
製。當牽涉到複雜的菜單和繁瑣的服務程序時，培訓也會更加
困難。

假設菜單上有一種需要從頭做起的乳酪蛋糕，必須將其製
作方法教給 50 個特許經營者，然後他們再將其教給 100 個僱
員。產品的一致性能容易保持嗎？如果菜單上的菜品都如此精
細，培訓就會是一項非常令人頭痛的事，因而也不可能保持食
品的一致性。

(2)具有可複製性。整個理念,從產品到服務,都應該能夠複製而不會影響品質。特許經營的整個理念使其在產品和服務上具有一致性。一個體系內所有特許經營的菜單及服務應是一致的。

不管一種菜多受歡迎,如果它不能完全一致地進行複製,便不適合進行特許經營。很多具有民族特色的菜和製作精細的菜都無法成功地用於特許經營餐廳中,這種菜更適合獨立餐廳經營。

(3)立等可取。如果菜單理念簡單且容易複製,則可以在需要時馬上得到。在特許經營餐廳中,可能會同時湧進很多顧客,他們都需要在最短時間內得到服務。現代技術進步,如微波爐和紅外加熱方法使這成為可能。產品的製作程序應該簡單,並易於員工理解。

(4)保持品質穩定。產品和服務的品質保持常年穩定。產品應該在製作完成後保持品質和一致性。程序、季節性變化和位置不應對產品的品質有不良影響。產品的營養、感官性能和衛生品質應在所有生產和服務條件下保持高度一致性。

(5)配料可得性。產品製作中所需的所有配料應時刻備齊。一種產品可能滿足所有其他標準,但若產品配料沒有備齊,這可能會影響到它的使用。不僅配料必須有,它們還必須符合某種規格。例如,炸薯條用的馬鈴薯應具有標準的規格和特定特徵。產品的表現主要依賴使用準確數量的精確配料。生產所需的大批量配料的存在是必要的,季節性變化不應對配料構成任何不利影響。

(6)食品特徵。一種廣爲人們接受的產品應具有美味和吸引力，這樣才能保證有一個合理規模的市場。經營只有某些人特別喜歡而大部份人拒而遠之的產品，如羊肉和豬肝，不太可能取得成功。食品，包括其感官性能，在能否被人接受方面十分重要。以下介紹最重要的食品特徵：

①色彩。有趣且搭配合理的色彩組合有助於食品被顧客接受，並在某種程度上刺激食慾。

②質感和形狀。食品的質感和形狀也影響顧客喜好。某些食品因其質感較硬更受人喜歡，而另一些食品很受歡迎則因其質感較軟。質感可以用嘴巴更好地品味。軟、硬、酥、香脆、爽、滑等是一些可以描述食品質感的形容詞。菜單上軟質和硬質食品的適當組合很必要，因爲某些食品組合在一起可以得到很好的質感。

③濃度。濃度指的是產品黏性或稠密的程度。和質感一樣，濃度爲菜單菜目提供多樣性。稀、淡、濃、膠狀、黏膩、黏稠和黏是用來描述濃度常用的形容詞。菜品應保持理想的濃度。食品的水分含量直接影響濃度。含有低濃度成分的食品不易包裝、處理，顧客可能會擔心把東西弄得亂七八糟。使用蛋黃醬、肉醬和番茄醬時，應考慮濃度。

④口味。毋庸置疑，在選擇菜單菜目時，食品口味是最重要的。食品有甜、酸、苦、鹹等口味，或單獨出現，或組合在一起。爲了成功地開發一種創新食品，有必要調和出理想的口味。單一口味通常不太好。口味種類的適當結合與它們的強度對比使菜品更容易被接受。清淡的食品可以通過加入辛辣的調

味醬而變得更加誘人，也可以加入酸甜混合的口味一試。對於某種食品來說，燒烤口味會更理想。如果使用適量，醃菜和芥末可以為食品增味。

(7)製作方法。應謹慎考慮烹調食品的方法，因為選擇的製作方法決定了需要使用的設備。建議挑選一種可以製作各種菜式的方法。製作方法包括炸、烘、烤、煮、蒸、燒烤、燴或各種方法的組合。在每一種製作方法中，又可能有幾種花樣。例如，提供炸、燒烤和烤制食品可以為顧客提供多種選擇。隨著特許經營餐廳競爭的日趨激烈，選擇製作方法成為克敵制勝的重要因素。它還有助於建立回頭客群。從管理的觀點來看，為了最大限度地提高效率和設備效能，製作方法的統一是必要的。

選擇製作方法應有一個過程，不可太複雜也不能太花時間。簡單直接的方法既易懂也使培訓更容易。

(8)上桌溫度。應認真控制上桌溫度。一種食品可以在餐廳內消費，也可以拿到店外消費或在家消費。選擇的食品應該儘量在消費時保持最佳溫度。油膩食品如果涼了，食用效果就不理想。雖然沒有證據表明季節或天氣會影響特定食品的溫度，但菜單應該既包括熱品也包括冷品。例如，可以提供奶昔、冰淇淋和沙拉作為熱品的補充。另外，也應考慮顧客消費的時間和方法。

(9)儲藏與保存。食品的最終外觀——不管是置於盤中、咖啡吧的櫃台上、託盤中、食品容器內、展示櫃內或外賣包裝袋中——十分重要。保存整齊的食品自有其吸引人的地方。應謹慎計劃展出方式，從而使食品到了顧客手中時能達到最佳品

質。不應該忽視送餐到戶的食品的外觀。應該考慮的另外一個方面是食品的包裝，不管是在餐廳內消費或是送餐到戶。

(10)營養品質。食品的營養品質對顧客越來越重要。在理念開發的最初階段，如果已經制訂了適當的營養品質計劃，在後期會避免很多批評和擔心。為了提供所有營養成分，菜單應以各種常見食品為基礎。食品包裝上應列印營養標籤，並提供有關每份食品中平均所含熱量的資訊，碳水化合物、蛋白質和脂肪及其所包含的營養成分的百分比。

評價食品營養成分的另一種方法是國際飲食準則。根據這些準則，可以檢驗菜單開發理念，也可以選擇一些規定的營養成分。以下舉例說明可以滿足準則的標準：

第一，食譜的廣泛性。不管是漢堡、沙拉或任何一種食品，一定要選擇多樣。應謹慎選擇肉類、蔬菜和水果、穀物類和乳製品，使其互相補充。這可能會涉及選擇瘦肉、魚和禽類、豆類、綠色或其他色蔬菜、營養麵包和乳製品(如乳酪和優酪乳)等。

第二，保持健康體重。選擇少量、多種健康食品有助於滿足適當的營養準則。可以通過低脂肪產品、低糖和不太甜的物質，及限制每份的大小來幫助顧客達到這一目的。

①選擇瘦肉、魚和禽類。

②盡可能選擇植物性食品，尤其是富含蛋白質的豆類。

③適量使用雞蛋、豬肉和海鮮，因為這些食品膽固醇含量高。

④限量使用黃油、奶油、動物性油脂、豬油、椰子油、熱

帶植物油和其他相關產品。

⑤盡可能剔去肉中的脂肪。

⑥盡可能使用這些烹調過程，如燒烤、烘烤及蒸，避免使用炸食。

⑦食品製作時，閱讀營養含量食品標籤，應選擇富含蔬菜、水果和穀物的食品。

此外，纖維是這些準則中很重要的一種成分，有多種健康優勢，可以通過選擇水果和蔬菜、全麥麵包和燕麥片來提供這種成分。

第三，適量使用糖。降低糖的使用有助於降低熱量。通過糖的自然替代品、減少分量等方法可以降低食品中糖的含量。如可以使用含有水果或優酪乳等淡糖食品來替代甜點。

第四，適量使用鹽和鈉。一個錯誤的理念認為，鹽是飲食中唯一的鈉的來源。其實鈉還有其他多種來源，如加工食品、速食、飲料、佐料和軟飲料。鹽可以用其他味道代替，如橘汁或檸檬汁。應該降低食品中鹽的含量；應該控制香料、調味品、加香劑、嫩肉粉等食品中鈉的含量。醬油和味精中含有鈉，應謹慎使用。

第五，若飲酒，應適量。酒精能夠增加熱量，但營養成分含量低。應慎重篩選酒精飲料和與之相搭配的食品。

連鎖秘訣 12：如何強化你的櫃台服務

在肯德基看來，餐廳服務就是通過嘗試接近顧客，儘量縮短與顧客的距離，從而更迅速、更實際地預測和滿足顧客的需要。因此，在不忘品質的同時，也從未忘記不斷提高服務品質。它極力推崇「顧客至上」「顧客永遠是上帝」的服務宗旨，認為優質、最佳、有效的服務高於一切，良好的服務態度是能否贏得顧客的關鍵。

對顧客提供無微不至的六大階段服務是全體櫃台人員必須理解的基本事項。這六大階段服務是自創建以來不斷提倡的重點工作。

1.打招呼

所有員工，向顧客打招呼時必須注意以下幾點：

(1)必須面帶微笑，而且有精神、大聲地向顧客打招呼。

(2)使用何種問候語？

(3)說話方式如何？

工作手冊規定「歡迎光臨肯德基」「早安」「午安」「晚安」等等，都是新進人員必須先學會的基本用語。每一位員工都必須在正確的時機以正確的招呼用語問候顧客，而且在說話時必須直視顧客。對顧客而言，一邁入店裏就能聽到眾人大聲的問候聲，會使他產生良好的第一印象。而第一印象一旦建立就不

易動搖,因此一定要徹底落實。

其他必須注意的事項:

(1)對於經常光臨的客人,最好設法記住對方的長相與姓名,以便日後直稱對方的姓名,使顧客倍感親切。

(2)即使是小孩子也不可輕視對待。除了表示尊重對方之外,也可以拉近彼此的距離。

(3)有些小孩子在買了東西之後,常常還沒有付零錢就急急忙忙跑開了。因此,遇到初中以下的小孩子點購時,務必要特別注意其是否正確無誤地交付零錢。

(4)當零錢很多的時候,可以與發票一起放在託盤內,以免顧客不易拿取。

2. 接受顧客點餐並作推薦

接受顧客點餐並作推薦的程序如下:

(1)眼睛注視著顧客,接受顧客的點餐(注意不可以凝視對方的眼睛,應該注視顧客口鼻一帶最為恰當)。

(2)顧客詢問新推出的產品時,應該不厭其煩地為其解說。此外,有的顧客會詢問產品的成分與做法,因此即使是前台人員亦應該對產品有詳盡的認知。

(3)對顧客作產品說明時,即使後方有其他顧客排隊,仍然要以適當的速度與親切的口吻說明,不急不慢,務求簡單清晰。

(4)服務人員將顧客點購的產品輸入收銀機內。

(5)假使聽不清楚顧客所點購的項目,不可以中途插嘴,必須等顧客全部點購完畢之後再詢問。

(6)覆誦一遍顧客所選購的項目與數量,務求正確無誤。假

使發生錯誤應立即更正。

(7)向顧客詢問：「請問您點這些就好了嗎？」

(8)觀察對方的反應，假使顧客呈現猶豫不決的神情時，可以建議其點購一項其他種類的產品，但是不可超過一項。

(9)將顧客所點購的產品總價顯示在收銀機上，並且說：「總共是××元。」

(10)由於大多數的顧客會在服務人員準備各種食物的時候先掏出費用，因此必須事先告知其消費金額。

3.準備顧客所點的產品

櫃台服務人員準備顧客所點的產品時應注意：(1)準備顧客所點購的產品前，最好能默記顧客點購的內容；(2)拿取的順序與放置在餐盤上的方式都必須特別留意，因為這關係到產品品質與食用時間，因此不可以隨便擺放；(3)對新進員工而言，將顧客購買的各種產品正確無誤地提供給對方是最重要的，絕對不可以馬虎。

(1)準備餐點的順序

準備餐點的順序為：炸雞→可樂→奶昔→果汁→鮮乳→咖啡→熱巧克力→漢堡→熱蘋果派→薯條→聖代。

假使顧客點購的產品中某一種沒有，則應該建議顧客點購其他種產品代替，不可以只供應一部份。

(2)外帶時的處理方式

①依照產品的數量與種類的不同，從四種大小不同的紙袋與塑膠袋中選擇適當的袋子裝入；須注意冷熱飲最好分開放置。

②若顧客選購的數量極多，必須將產品先裝置在小紙袋

內，最後再放在一個大塑膠袋中，以便顧客拿取。

③產品裝入紙袋之前，可以用左手撐住紙袋的底部，將紙袋稍微傾斜，然後以右手將底部攤平，再放入商品。

(3)內用時的處理方式

①顧客靠近櫃台後先拿出託盤，並將宣傳紙墊在託盤上。注意紙張的正面應該朝向顧客，以便顧客閱讀。

②依照點購產品的種類，擺放在託盤上的方式應不同。假使顧客點購了薯條、漢堡與蘋果派，薯條必須夾在後兩者之間。這樣不僅可以避免薯條快速變冷，而且也不容易散掉。

③薯條不可以放置在冷飲與聖代的旁邊。

④為了避免忘記放番茄醬與烤肉醬等調味料，必須事先就取來放置在託盤內；放置的多寡必須詢問顧客的意見。

4.交付顧客點購的產品

(1)外帶時，將所有的食物依照種類與多寡，分裝在不同的紙袋內。為了避免熱食冷掉，可以在袋口折雙折。注意折疊的封口，並將商標面向顧客；若點購的數量極多時，須用大塑膠袋包裝起來。

(2)內用時顧客點購的食物全部到齊之後，須以雙手將託盤輕輕托起送到顧客面前，若對方是小孩子則必須叮囑其小心拿好。

必須牢記每一位員工都身負著肯德基的榮譽，因此舉手投足間都必須小心謹慎。

5.收銀的過程

櫃台服務人員從顧客手中接過支付的金額並且交付零錢

時，必須大聲地將各項金額覆誦出來。

(1)「謝謝您。總共是 85 元。收您 100 元，找您 15 元。」假使顧客是以紙鈔支付的話，必須用磁鐵將其吸附在收銀機的一側，這樣一來既可以避免顧客給錯錢或發生有給沒找的誤會，自己也不會找錯錢。在找完錢之後，若是百元大鈔則放在收銀機零錢格的下方，以確保安全。

(2)在找零錢給顧客時，務必要清點正確，不可多找或少找。

(3)有的硬幣容易混淆，必須小心。另外，有的大鈔與小鈔顏色相近，也必須仔細分辨。

(4)如果收到極為骯髒或有褶皺的紙鈔，盡可能不要再找給顧客。

6.送別顧客

櫃台服務人員在送別顧客時，必須向顧客衷心地表達自己內心的感謝之意並歡迎顧客再度光臨。

當顧客離開櫃台時要說：「謝謝光臨，歡迎再度光臨。」這些話語必須是從內心所自然發出的，因為較敏感的顧客可以從音調中辨別出店員的話語是否出自真心，假使是流於形式的話，反而容易招致反感。

在道出感謝話語的時候，不要只是機械式地說出一些語句，必須目視對方親切地問候。需要注意的是：一直重覆相同的語句，不僅讓客人覺得單調、程式化，還會讓顧客對肯德基失去信心。

造成顧客困擾的四大注意點：

(1)食物來不及做好，以致服務有所延遲，要讓店長知道。

(2)漢堡、蘋果派、薯條若來不及做好,則要等顧客點的食物都齊全了再拿到託盤上。

(3)當產品銷售告罄時,店長必須出面並且致歉,視情況需要提供對方免費的冷飲。

(4)假使估計準備顧客所點購的產品可能要花較長的時間,並有其他顧客在等待時,可採取下列步驟:

①詢問顧客是否可以先接受飲料。

②可以說:「先幫您結個賬好嗎?」在找好零錢之後,再由其他服務員引導至店內坐椅等候。

③產品都做好後,再排放在託盤上。

④準備完成後,由原服務員將產品直接拿給在等候的顧客。

⑤向顧客致歉:「抱歉讓您久等了,歡迎再度光臨肯德基。」

心得欄

連鎖秘訣 13：肯德基的促銷方法

　　促銷是企業增加銷售最常用的手段。肯德基不斷會有一個比較優惠的產品在銷售之中，目的是提升營業額，提升交易次數，重點拓展某方面市場等。

　　肯德基對促銷方法有嚴格的規定。促銷活動必須首先設定目標、時間和對象，然後決定採取什麼策略，最後是策劃促銷的具體方法。

　　促銷活動管理是一項週密細緻的工作。肯德基的促銷活動由肯德基總部統一安排，甚至連海報也由總部統一印製，具體的促銷方實施方法也製作成一份企劃手冊。促銷活動前，肯德基給每個分店發一本企劃手冊，促銷時，分店按照手冊執行即可。企劃手冊規則定得非常詳細，例如那張海報應貼在門前的燈箱上，那張海報應該吊頂等，肯德基各分店執行起來非常方便、易行。

　　在拓展市場的過程中，肯德基靈活運用了多種促銷策略，可以說是五花八門，新招迭出。

1. 派送或贈送優惠券促銷

　　優惠券促銷也是肯德基最常用的一種促銷方式，肯德基將優惠券作為吸引顧客就餐、培養顧客忠誠度的常規市場工具。但是肯德基卻將其運用得非常成功。肯德基的優惠券以套餐優

惠、折價優惠、學生優惠等折價方式,通過免費派送和消費贈
送的途徑,派送到顧客的手中。雖然這些優惠券都標明有效日
期,但這輪優惠活動結束後,新一輪的優惠券很快就產生。作
為一種促銷手段,肯德基似乎打破了「產品促銷期不宜太長」
的促銷原則。

　　儘管從時間上來說,肯德基優惠券促銷期從來沒有間斷
過,但是肯德基不會針對同一款產品長期進行優惠券促銷。肯
德基產品品種繁多,有很多的選擇,肯德基每一次的優惠券促
銷,所針對的都是不同的產品,同時優惠內容組合也有新的變
化。不斷變化促銷商品也給予了消費者一定的新鮮感,並有利
於肯德基結合整體市場戰略,推廣不同類型的新產品。

　　肯德基優惠券可以分為兩種:餐廳發放的優惠券以及可從
網上直接列印的電子優惠券。大部份消費者使用的都是餐廳發
放的優惠券。肯德基發放餐廳優惠券的次數和範圍都非常有
限,一般在季節性的大型促銷活動才會發放。這樣的優惠券顯
得彌足珍貴,消費者一旦獲得,都會比較珍視,而且餐廳發放
的優惠券優惠的產品或套餐較多,消費者一般都能找到他們所
喜愛的產品或套餐的優惠券。因此,消費者很難放棄這樣的優
惠券,肯德基的促銷目的也就輕而易舉地達到了。

　　電子優惠券是肯德基順應網路迅猛發展的潮流,實行的網
上在線的電子優惠打折券,網友只需要從網上下載列印電子優
惠券,在消費時向肯德基出示即可享受肯德基的優惠打折承
諾。電子優惠券既省去了肯德基的印刷和派送傳統印刷優惠券
的成本,又方便了消費者的使用。而且,只有有需求的消費者

才會主動下載列印電子優惠券，電子優惠券一般會百分百地被使用，而餐廳發放的優惠券不一定都會百分之百的被使用。

　　肯德基電子優惠券分為普通券和會員券。普通券，任何人進入肯德基網站的電子優惠券頁面都可以列印使用；會員券，必須要先註冊成為肯德基網友之家的會員，正確輸入會員有效的電子郵箱位址和密碼，得到會員資格的確認後，才可以列印會員專屬的電子優惠券。會員券和普通券相比，優惠種類更多，優惠幅度更大，而且是長年不斷，隨時可以列印使用。此外，肯德基優惠券還可以複印，無論是彩色、黑白都可以在全國的肯德基餐廳使用。

　　肯德基電子優惠券以單品種優惠為主，這樣網友可以進行自由組合搭配。對肯德基的忠實消費者來說，沒有比電子優惠券更方便、更有利的促銷方法了。而肯德基也可以通過電子優惠券網羅住一批忠實的消費者。

　　肯德基將優惠券的優惠次數和幅度控制在恰當有效的範圍內，並不斷調整優惠的內容，使其優惠券促銷達到了很好的促銷效果。電子優惠券以及自主搭配優惠券等方法又讓消費者獲得了更多的實惠。肯德基頻繁但有策略的使用優惠券方法不僅提高了產品的銷量，還使一部份人變成了其長期的顧客，肯德基運用優惠券的水準不可不謂高明。

2. 主題活動促銷

　　肯德基還善於抓住一些重要的節日或事件進行主題促銷活動。這些促銷活動不僅可以提高產品的銷量，還能促使消費者建立起對肯德基的感情，為肯德基樹立良好的企業形象。

　　過節是件讓人們高興的事，可以有時間與朋友聚會聊天，逛街購物。這對肯德基而言也是一個重大的商機，因此，節假日的促銷活動也是少不了的。2000 年，肯德基舉行了沿街派送新年紅包的促銷活動，並將兒童套餐降價 37%左右；此外，還推出了懸賞 1000 萬元的「千禧尋寶藏」有獎吃漢堡活動。而且，肯德基還最早推出了新年套餐，讓消費者把它們特別製作的新年套餐「歡歡喜喜」帶回家，在傳統節日裏給消費者帶去了節日的祝福。

　　到了 2001 年春節，在除夕之夜、正月初一和初二這些天，肯德基推出了「新年套餐」，使不想因籌備年飯而勞碌的人們到這裏吃年飯，既輕鬆、高興，又省事，吃完後再逛逛街，購購物，其樂融融。不僅如此，肯德基還給孩子們帶來特別的新春禮物，這個特別的禮物就是風靡全球的卡通人物皮卡丘，孩子們都非常喜歡這個卡通人物。

　　3.**降價促銷**

　　降價促銷儘管效果比較明顯，但是卻直接減少企業的利潤；如果經常使用降價這一促銷手段，促銷的效果就會大打折扣。

　　但是，在特定的時期，出於某種特殊的原因，肯德基也會利用「價格」這個撒手鐧。肯德基常見的降價促銷的情況有：

　　肯德基與麥當勞是一對形影不離的競爭對手，幾年前，麥當勞和肯德基之間的產品價格大戰時有爆發。比較典型的有——

　　炸雞戰：麥當勞推出的「麥辣雞翅」和肯德基推出的「香

辣雞翅」展開了炸雞廣告促銷大戰；同時，兩家雞類產品的買贈活動經常推出，大人小孩喜滋滋地品嘗著「麥香雞」、「辣雞翅」。大戰的結果使兩家營業額一路飆升。

甜筒戰：在肯德基未推出甜筒雪糕之前，麥當勞憑藉其低價格的圓筒雪糕，在速食行業的雪糕銷售中一直壓倒肯德基，處於領先地位。每日門庭若市的雪糕銷售熱潮在為麥當勞帶來豐厚的利潤之餘，也帶動了整個餐廳銷售的大幅增長。針對這種狀況，肯德基推出了模仿意味甚濃的脆皮甜筒雪糕，並定出與麥當勞相當的價格。

就在肯德基剛剛穩住陣腳之際，麥當勞突然大幅降低圓筒雪糕的價格。這完全出乎肯德基和其他競爭對手及消費者的意料，在各地引起轟動。自圓筒雪糕推出推廣價以後，該產品的銷售十分火暴，一些餐廳甚至出現了排隊排到餐廳之外的景象，圓筒雪糕的銷售一時告急。

不到兩天，肯德基便宣佈把脆皮甜筒雪糕的價格降低一半，正面迎擊麥當勞，同時推出雞翅產品的「買二送一」活動，抗擊麥當勞的買雞類產品送雞翅活動。肯德基快速做出反應，跟進麥當勞的降價，達到擾亂對手的策略，起到分流麥當勞消費者群的作用，不失為明智的選擇。降價促銷大戰的結果是兩家都出現大熱天顧客排隊爭購的場景，結果兩家都贏得了良好的利潤。

2001 年暑假，當肯德基推出了優惠早餐，使早餐價格下降。麥當勞也很快跟進並推出了早晚特價套餐、贈甜筒雪糕等。

4. 玩具促銷

兒童市場一直是肯德基非常重視的市場。肯德基對消費者的培育主張是從娃娃抓起，這樣既能吸引兒童，又能培養他們的父母；等他們長大了，仍然是肯德基重視的消費者群體。

玩具是肯德基攻克兒童市場的一個有利「武器」。為了俘獲兒童的心，肯德基的促銷玩具花樣不斷翻新，有逗人的，有可以讓人放鬆心情的，也有令人眼前一亮的收藏款式。精巧的造型，精美的組合，讓喜歡玩具的小朋友和青少年愛不釋手。

肯德基不但推出了自己的代言人山德士上校卡通形象設計而成的系列玩具，還與其他公司聯合推出了諸多卡通明星。例如，1998年世界盃足球賽時，與百事可樂公司聯合推出「百事球星卡」；1999年與美國華納兄弟公司聯合推出「買兒童餐，送樂一通卡通明星」等。

此外，肯德基還推出了眾多款智慧類卡通玩具。肯德基的電玩上校就是一個很小的遊戲機，以山德士上校為形象。肯德基還推出了坦克大戰、方程式賽車、雷霆炮台、青蛙過河等以遊戲為主題的智慧玩具。此外，肯德基曾推出的一款「能錄會說」的機器貓更是風靡一時：「恭喜發財，紅包拿來」，當可愛的機器貓在家裏、辦公桌上冒出這麼一句時，一定能讓所有人笑開顏。

肯德基的兒童套餐一直都包含一款兒童玩具，除肯德基自有的奇奇系列玩具以外，近年來陸續推出了多啦A夢系列、海綿寶寶系列以及芭比系列，都受到小朋友們的喜愛。有專門收集這種套餐玩具的「粉絲」們留意過，每年肯德基會有 8～9

個系列的兒童玩具，奇奇有 3〜4 個系列，其他的就是一些經典、流行的卡通形象。

「小朋友熟悉和喜愛的卡通人物形象」，是肯德基挑選其兒童套餐玩具的重要標準。2009 年伊始，肯德基向小朋友們推出「喜羊羊與灰太狼」系列玩具，並精心設計了好玩的機關，例如，灰太郎可以脫掉外套，美羊羊可以替換裙子等。「這些都很符合小朋友對玩具的天性要求」。

連鎖秘訣 14：快速服務體系

速食店是以快爲其基本特徵的。

因此要求它的員工在提供優質服務的同時，必須加快服務的速度。快速服務作爲一個整體概念，包括備餐快、交易快和點餐快三個基本服務環節。這三個環節互相促進，並且以餐廳設備、技術的革新和改造等「硬體」作爲後盾，又通過獨特的服務訓練得以實現。

長久形成的傳統，在爲顧客服務的過程中，特別注意提高備餐、交易、點餐的速度。

如今，服務對象已經遠遠超出了汽車司機的範圍，但爲了適應今天快節奏的生活方式，「快」字仍是其強調的重點之一。

把服務時間分爲兩個部份，一個是排隊等候的時間，一個是點餐的時間。規定從顧客開始點餐到拿著食品離開櫃台的標

準時間為 32 秒。

因為根據科學分析，人們在與對方一邊談話又要一邊付款時，至多只能等待 32 秒而不會感到急躁。若超過 32 秒，人們就會焦慮不安。為了保持顧客愉快的心情，才作出上述規定。

常光顧的顧客偶爾會看到店長手中拿著碼錶計算櫃台服務員的供餐速度。事後，還會看到，他將服務員找來，對其供餐速度或表揚，或指出不足之處。

肯德基餐廳提供的是速食服務，店面規模擴大後，櫃台與顧客就餐的座位距離更遠了。為了給顧客提供更完美、靈活、週到的服務，想出了接待員這種服務方式。

這些接待員專門負責接待顧客，一般身著紅西裝外套和打著紅領結。特別是在營業高峰時期，接待員的作用更加突出，他們像紅色的蜻蜓一般，穿梭於顧客之間，對顧客的要求作出適當而迅速的反應。

接待員的主要目的是為顧客創造一個令人興奮而愉快的就餐環境，並且讓顧客離開時帶著一份在餐廳獲得滿足的經歷，使顧客每次來都能享受到滿意的服務。用接待員自己的話來說，他們的工作就是要爭取讓每一位到過肯德基的顧客都能成為「回頭客」。

1. 什麼是快速服務

快速服務的發源地是有「汽車王國」之稱的美國。肯德基第一家提供快速服務的店鋪於 1977 年開張。隨著汽車與人類生活的緊密結合，以及現代人生活日趨忙碌，如何更有效率、更簡單地解決「吃」的問題愈來愈重要，於是能夠提供最迅速、

衛生的食品的快速服務也蓬勃發展起來。

　　快速服務可以依照視窗的數目再分為兩種形式：單一視窗式和雙視窗式。目前雖然兩種方式兼行並用，但是其正致力於推動雙視窗式作為主流，這是因為雙視窗的設計可以使快速服務的營業額增長更迅速。其原因主要是，與單視窗相比，雙視窗能夠在同一時間內容納更多的車流量，並且充分發揮快速服務的效益。

　　不管是那一種形式，接待一般店面的客人與駕著汽車直接駛入快速服務車道的顧客兩者有極大的差異，而店長與一般員工更是必須隨時將下列兩方面銘記在心：

　　(1)如何將服務基準，維持在高標準而不下降？

　　(2)如何使「人的行動」與「車的流量」相互配合？

　　而這些正是快速服務的訴求重點。

2.維繫服務品質

　　為了使快速服務也達到一般店面服務的水準，不會因為形態的不同而使服務大打折扣。首先就快速服務的特徵而言，相對於一般櫃台所追求的「人流的快速」，快速服務最大的不同在於追求「車流的順暢」。

　　接下來我們將循序漸進地介紹快速服務的運作方式與訴求重點。

　　(1)當車輛到達產品的點餐板後，10秒內必須有人回應。

　　(2)就雙視窗式快速服務而言，車輛各自在兩個視窗的等候時間不可超過30秒。而這30秒是包含了以下兩個階段的時間。

　　①車輛在第一個視窗結賬。此時第一段時間指的是從車輛

停在第一個視窗起到結賬完成止的時間。

②車輛在第二個視窗領取點購的產品。此時第二段時間指的是從車輛停在領取的視窗起到領取商品止的時間。

(3)總服務時間是指從車輛在第一個視窗停止到在第二個視窗完成領取商品的時間,除規定的特殊情況外,這段時間以90秒為限。然而實際情況中,由於顧客必須考慮點購的項目以及從錢包中抽取鈔票,還有車輛的行進速度等都會佔用不少時間,因此這個數據並非一成不變,仍須隨時修正與調整。

為了維持服務品質在一定的水準之上,負責快速服務業務的店長與隊員必須對以下幾點更為用心,使得快速服務能夠以最佳的狀態應對各種挑戰。

(1)由於快速服務十分講究速度與精確度,因此最好選擇經驗老到、技巧熟練的隊員組成快速服務的團隊。店長應該依據銷售的實際情形,選擇適當的領隊與隊員,並將每個人分配到適當的位置。

(2)特別是在高峰時段,店長本人最好能夠坐鎮在快速服務工作區內親自指揮。

(3)店長除了要注意服務的水準,即服務時間與品質的掌控之外,還要留心燒烤類食物的處理與大量訂購時的人力調派。

(4)可能會有許多車輛通行的快速服務車道,必須每30分鐘進行一次下列區域的檢查:

①點購看板、POS的顯示幕等是否正確,燈光是否不亮。

②地上是否有紙屑、煙蒂等雜物。

③車道旁如種植花草是否保持整潔。

④點購窗口的四週是否保持整潔。

⑤接受顧客點購的無線耳機是否能夠精確地運作、有無雜音、收訊狀況如何？

當店長覺得上述服務項目中有任何一項不夠完備的話，務必要找出原因，並且加以檢討，避免再度犯錯。

3.快速服務的人員設置

(1)雙視窗式的人員配置

就雙視窗式的快速服務而言，包括點餐員、準備員、飲料員、收銀員、遞交員五個主要職位。每一個進入快速服務的服務人員，都必須熟悉上述五項工作業務。這是因為實際在快速服務區內的工作人員只有 2～4 人，因此每一個人都要做 2～3 個職位的工作。

點餐員：

①親切地向顧客打招呼。

②接受顧客的訂購，並且詢問需要的調味料。

③向顧客推薦新產品。

④告知顧客總消費金額。

⑤請顧客前進到第一個視窗。

準備員：

①將顧客點購的產品正確無誤地領用齊全。

②準備聖代、奶昔等產品。

③將紙巾、調味料等放入袋中。

④當顧客點購的產品全部裝入袋內之後，必須在袋口折雙折做記號，以免又將產品裝入。

⑤將產品已經領取完畢的資訊通知遞交員，這個步驟千萬不可以省略。

⑥假使有附贈玩具或其他折價券、優惠券時，準備員要記得將這些物品放入袋內。

飲料員：

①配合準備員的行動，打好飲料。

②將領用的產品與飲料排列在一起。

收銀員：

①首先向顧客打招呼。

②告知顧客總消費金額。

③爲顧客結賬。

④表達感謝之意。

⑤引導顧客前進到下一個視窗。

遞交員：

①再度向顧客問好。

②將已經準備好的產品包裝妥當，以手交付給顧客。

③表達感謝之意。

④歡迎顧客再度光臨肯德基。

(2)營運的重點

爲了使每一個角色都能夠各司其職，扎實的訓練與彼此良好的溝通等是不可或缺的。因爲假使任何一個環節發生延遲或錯誤的話，整個團隊就要受到影響，並使服務時間增加，甚至給顧客留下負面的印象。

4.快速服務的步驟

在雙視窗的快速服務車道，必須以關鍵職位為中心，並且以迅速、週到的服務回應顧客的需要。將快速服務的服務重點劃分為七個重要階段，內容歸納如下：

(1)第一階段：打招呼

①點餐員在顧客的車輛在點購看板之前停下後，必須立刻以適當的問候語問候顧客。

②一般的問候語包括「你好，歡迎光臨肯德基」「早安」「晚安」等，並且說明「請對著麥克風點餐。」

③雖然車內乘客只能聽到服務員的聲音，但是不能因此而忽略禮儀。

(2)第二階段：接受點購

①點餐員必須在顧客的車輛抵達麥克風之後 15 秒內完成顧客點購的動作。

②假使麥克風的聲音不清晰，可以禮貌地再度詢問顧客，並且說：「這樣就好了嗎？」

③向顧客推薦新的餐點或促銷的產品，並且計算出總金額，並告知顧客。

④讓顧客得知金額多少之後，再引導顧客的車輛至第二個視窗。

(3)第三階段：取用顧客點購的產品

準備員必須在最短的時間內將所有顧客點購的產品準備齊全。因此，對於這個職位來說最基本的要求就是要手腳麻利而且精確，所以大部份都安排經驗比較豐富的老手來擔任快速服

務準備員。

①準備員必須記錄顯示在螢幕上的顧客點選的產品。

②準備員先從中央輸送槽開始動作。假使準備員能夠在心中默記住產品的種類與數目，可以使得拿取產品的速度更快速、過程更輕鬆。

③在所有的產品拿取告一段落之後，準備員須回到小隔間中，與螢幕上顯示的產品種類與數目相核對，以檢查是否有錯放、多放或少放。

④假使顧客大量訂購的話，在進行第③項檢查時，注意不要將產品的數目弄混淆，務必力求準確，以免引發紛爭。

⑤檢查結束之後，在產品上放置餐巾紙。每一個漢堡應配置一張餐巾紙；如果沒有訂購漢堡，每一項產品也都必須配置一張餐巾紙。

⑥在完成上述③～⑤的步驟之後，將食品包裝袋袋口左右各折一個反方向的折。

⑦準備員將包裝好的產品放入塑膠袋內，並告知遞交員。

⑧將所有點購的產品依照客人點購的先後順序排列在小隔間的桌子上。

此外，必須注意的是準備員在取用產品的時候，假使發現其中一項產品不足，則應該建議顧客改購其他產品，不可以提供不完整的產品。

(4)第四階段：在第一個視窗問好

①負責快速服務的收銀員，務必要挑選最有禮貌而且服務態度最親切的人員擔任。因為對快速服務的顧客而言，對餐廳

的第一印象就是建立在收銀員的應對上。

②收銀員在車輛駛進第一個視窗之後，必須先以微笑面對顧客，並迅速為顧客進行結賬的動作。

(5)第五階段：結賬前請顧客前進到第二個視窗

①收銀員必須以清晰的語調告訴顧客其所購買的產品總金額。舉例而言，收銀員向顧客說明總金額時，可以採用「一共是 380 元。收您 400 元，找您 20 元」的方式。

②向顧客道謝，並且引導顧客到下一個視窗。

(6)第六階段：打招呼，交付顧客點購的商品

①遞交員的主要任務是在顧客到達第二個視窗之後，將商品交付給客人，並且道謝。

②如果只有一杯飲料或一項產品的話，直接交付即可。

③假使飲料的數量在兩杯以上，就要使用託盤，以免顧客不易取用。

④在③的情況下，先將飲料以託盤交給顧客，待顧客接過去之後再交付其他的產品。

⑤要交付產品之前確認袋口是否已經折了雙折。

⑥有時顧客會要求額外的調味料，因此要隨時準備好。

(7)第七階段：致謝並歡迎對方再度光臨肯德基

①對顧客的感謝應該發自內心。

②每當有顧客要離去時，全體快速服務的組員務必大聲說：「謝謝光臨，歡迎再度光臨肯德基！」

③在傍晚及假日中午的高峰時段時，可以附加「請小心開車」。

5.快速服務的組織

快速服務的運作是否能夠行之有效且迅速準確,與店長及組長的領導方式有極大的關聯性。為了使所有光臨的顧客能夠感受到最高品質的服務水準,店長與各個組長務必要發揮團隊合作的精神,充分掌握每一個組員的特長。具體而言,店長必須切實做到下列事項:

(1)給快速服務小組調配最優秀的員工。

(2)在決定「準備員」時,一定要將「适才適所」的概念視為選擇人才與職位分配時的基本概念。

(3)必須安排一個經理級的人員作為快速服務的實際負責人。

①有顧客大量訂購,最好由店長直接與顧客接洽。

②在忙碌的高峰時段中,店長必須將所有包裝完成的產品與飲料排列在桌上,並且對整個快速服務團隊的工作情形有效掌握,以進行服務水準優劣的評判。

(4)原則上能夠在等候區內等待的顧客僅限於大量點購的顧客。但是特別情況下,則可以依照常理作彈性的變通處理。

(5)各種調味醬包應該整齊排列在收銀機旁。

(6)店長必須隨時配掛無線耳機,以應對各種突發的情況,如兌換零錢、大量訂購等。

快速服務的人員一定要在經過千錘百煉、證實是最優秀的人才之後,方能進入快速服務的服務小組。為了使快速服務人員充滿幹勁地為顧客服務,就需要提高他們的士氣,以及給予適當的激勵。那麼,要怎麼做才能達到這個目標呢?具體而言,

其方法包括下列數項：

(1)快速服務的服務小組每達到一次業績目標就給予一定的積分，借由累積積分的多寡決定員工的紅利水準。

(2)店長與組員應該訂立共同的時間目標，並且致力於在時間內完成所有服務。

(3)快速服務的服務效率以數字具體呈現。例如每一輛車的平均服務時間、平均每一分鐘的服務車輛數目，以及顧客在等待區的等候時間等等，作爲量評的依據。

(4)以每一個分店作爲單位，舉行快速服務的服務小組競賽，優勝者再參加全國性的服務評選比賽。

6.快速服務分店內的對抗賽

(1)以店長爲中心，將全店的組員分成 3～4 個小組。

(2)每一個小組各自召開會議，擬訂比賽方針。此外，決定每一個組員的工作範圍，並制定提升營業效率的有效措施。

(3)在週末、假日的中午等高峰時段，以服務的車輛數目、服務時間作爲競賽的重點項目。

(4)依照比賽的結果，對表現優異的小組成員發放紅利或獎品；並且舉辦摸彩等活動，以提高員工的士氣。然而不可以忽視的是，在適當的生產控制與其他的運作也必須有效進行的前提下，各個小組才比較容易進行競爭。

7.快速服務的支援

對速食店而言，如何提高櫃台前顧客的流動率，是一項極爲重要的課題。有效率的時間管理不但可以增加業績，還能提高顧客的滿意度，對於整體形象的塑造也是有利無弊。接下來

我們就對收銀員的職責與義務，以及縮短服務時間的兩個體系作一介紹。

(1)收銀員的職責與義務

· 收銀員接受顧客點購時，必須一邊覆誦顧客所點購的項目與數量，一邊輸入收銀機，當顧客點購完畢後，收銀員就能按下「合計」鍵，並且告知顧客總金額。

· 顧客付款後，明確地說出顧客交付的金額，並且輸入收銀機。

· 按下「結束」鍵，收銀機的螢幕會顯示出找零的金額。

· 大聲對顧客讀出應找零的金額，並且交付。

· 不要忘記交付發票，並且說明吸管的位置。

· 除了一些特例之外，收銀機的抽屜應該保持關閉狀態。

· 每一台收銀機在一個時段之內由固定的收銀員負責，不可以讓他人使用。

· 由於收銀機會保存記錄，並且直接結算，因此非經店長同意，不可以隨意更改。

· 收銀員不可以收受小費。

· 正在當班時，收銀員不可以自己購買東西，並以自己的收銀機結賬。另外，也不可與其他的收銀人員兌換零錢。

· 假使有顧客持有折價券或其他禮券，必須將顧客所使用的優惠券張數另外登記。

· 注意折價券的使用日期與真偽。

· 收銀員在換班時，一定要確定顯示自己編號的燈光消失之後才可以離去。

• 除了收銀機顯示「OFF」或「CLOSE」之外，不可以擦拭
　收銀機面板，以免不慎輸入錯誤資料。

在下列四種情況下，收銀員必須告知店長，並由店長全權
處理：

①必須退還費用給顧客的時候；

②因找零錢而與顧客發生爭執時；

③必須兌換硬幣或紙鈔時；

④顧客將東西忘在櫃台時。

(2) 縮短服務時間的兩大體系

①收銀體系

所謂「收銀體系」，是指將櫃台服務的六個階段，交由點餐
員與收銀員分開處理的一種高效率運作方式。收銀員可以依照
自己的經驗與各種不同的狀況，由 2～4 人扮演「代收金錢」的
角色，這種體系的目標在於提升服務流程的效率、減少時間的
浪費。該體系適用於顧客較多的繁忙時段。

A.收銀體系的特點

(a)接受顧客點購的點餐員，不可以代為接受顧客所支付的
金額，不必打收銀機，也無須交付零錢，純粹扮演為顧客事先
點好餐的角色。

(b)由於顧客已經將費用交付給收銀員了，因此當點餐員將
產品備齊後，顧客要立即離開櫃台，以增加顧客流動的速度。

B.收銀體系的流程

(a)每一個接受顧客點購的點餐員，各分配一部收銀機。

(b)每一個收銀員管理兩部收銀機，並且站在點餐員的斜後

方。

（c）顧客走向櫃台點餐時，接受顧客點購的點餐員須向顧客致意，並且接受顧客的訂購，此時亦可以推薦 1～2 項的產品。另外，必須向顧客詢問是「內用」還是「外用」。接受點購的人員須按下「合計」鍵，並且將合計的金額大聲念出，以告知顧客，並立刻取用產品。

（d）收銀員在點餐員取用所有顧客點購的產品時，應走到收銀機前，大聲向顧客說「歡迎光臨」，並且再度告知顧客消費總金額之後，接受顧客的金錢並且找零。

（e）收銀員對顧客表示感謝之意，並移動到另一部收銀機處。

（f）點餐員將顧客所點購的產品準備完畢後，交付給顧客，表示感謝，並邀請顧客再度光臨。

C.收銀體系必須注意的重點

（a）點餐員與收銀員之間的默契程度可說是收銀體系能否成功的重要因素，因此，收銀員最好是由經驗比較豐富的人員擔任。

（b）注意避免因為顧客過多而讓日常問候語過於僵硬。

（c）假使收銀員在其他收銀機前忙不過來，點餐員可以將各種產品準備齊全之後，自行收受顧客的付款。

（d）假使店長擔任收銀員，必須注意應該還有其他的高層幹部可以負責一般事務，以掌控店面的情況。

（e）在忙碌的時段中，應該增加一位負責準備飲料的人員，使得整個體系的運作更加有效。

D. 收銀體系的優點

(a)配合來店人數的多寡，收銀體系可以十分有彈性的運用。

(b)店長借由扮演收銀員的角色，可以增強組員積極學習的動機與加強同心力，並提高服務顧客的熱忱度。

(c)由點餐員自己取用顧客所點購的產品，可以減少拿錯餐點的幾率。

(d)點餐員與收銀員之間可培養出良好的默契。

②支援體系

支援體系是指每兩個櫃台服務人員的後方應配置一個後勤支援的人員。這個後勤支援者的主要工作是減輕櫃台服務人員的負擔。例如，幫助櫃台人員準備顧客點購的飲料，或是將漢堡等由後方傳遞到櫃台人員的手中。如此一來，不但可以大幅減少櫃台人員取用產品的時間，在顧客人數稀少的時段，也可以減少人力資源的耗費。

支援體系適用於顧客人數比較少的「低來客率時段」和顧客人數中等的「一般來客時段」。

A. 支援體系的優點

(a)能夠迅速取用顧客點購的產品。

(b)由於後勤支援者可以由任何一位有經驗的組員擔任，因此能有效提升組員的團隊精神。

B. 支援體系的流程

(a)後勤支援者應該站在點餐員的後方。

(b)當顧客靠近櫃台時，由點餐員向顧客打招呼，並且接受

訂購。

(c)點餐員應該確定顧客是要在店內用餐還是外帶,並且視顧客的需求,判斷是否推薦其他產品。

(d)後勤支援者必須確定顧客點購的產品的種類與數量,並且準備各種產品。假使點購的數量頗多,點餐員也必須加入取用產品的行列。

(e)點餐員在產品已經準備齊全之後,按下收銀機的「合計」鍵後告訴顧客總金額,並且接受顧客的付款與找零。

(f)點餐員將產品交付給顧客。

(g)點餐員向顧客表達謝意,並歡迎顧客再度光臨。

心得欄

連鎖秘訣 15：深化你的微笑服務理念

最令人津津樂道的「註冊商標」就是親切的微笑。公司規定，在服務的過程中，微笑必須貫徹始終，並使用微笑檢查和微笑比賽的方式來加以保證此項制度的落實。久而久之，服務員們形成了習慣，與顧客談話時必須首先露出微笑，而且決不因為顧客的反應而改變微笑的面孔。

不但如此，公司還規定微笑不能給人死板的感覺，必須自然清新。什麼才是自然清新的微笑呢？這也有準確的規定，即心存友善、誠心誠意為顧客提供服務時的笑容最自然。

肯德基之所以能夠在世界各地蓬勃發展的原因，恐怕就是其洞察先知，實踐了以微笑作為服務顧客的最高指導原則。肯德基甚至會以員工是否能夠得體應對顧客的六大基本階段，作為評價其表現的基準。

顧客剛一走進餐廳，即有服務員滿臉微笑地問好：「歡迎光臨。」顧客剛走近櫃台，又有服務員主動地打招呼：「歡迎光臨，請到這個櫃台來點餐。」「請問您要點什麼？」服務員會在收銀機上敏捷地鍵入顧客所點的食品，然後又親切地問道：「請問您還需要點什麼？」

顧客點完食品後，配餐員將所點的食品迅速而準確地裝入盤中，並送到顧客手中。

服務員則在收銀機上報出價格，並驗收顧客的交款。

待到顧客用餐完畢，服務員為顧客打開大門，並且一邊目送顧客離店，一邊微笑地說：「謝謝光臨，歡迎下次再來。」

1.微笑訓練

(1)目標。除了維繫舊有的顧客之外，首度前往肯德基消費的顧客更是其必須加強服務的重點。

(2)場所。員工休息室、訓練室。

(3)方式。在員工休息室內的大型鏡子前進行各式微笑的訓練。

- 每一位新進員工都必須對著鏡子大聲練習說：「歡迎光臨！」
- 其他的組員、機動經理與店長，都應該隨時指導新進員工，並且予以建議。
- 店長可隨時指正，並且說明何種微笑最能夠得到顧客的認同。
- 隨時將自己覺得最自然、最親切的微笑展現出來，借此不斷地練習，而成為日常舉止的一部份。

2.現場考查

(1)打招呼

- 顧客是否有反應？
- 招呼用語是否合乎時宜、得體？
- 打招呼時是否注視著對方的眼睛？
- 衣著服飾是否整潔？
- 是否有真誠的微笑？

(2)步驟

• 是否能夠將顧客吸引至自己的櫃台？
• 建議顧客所點的餐點是否適當？
• 對顧客的建議是否能夠獲得認同？
• 準備顧客所訂購的產品是否迅速、正確？
• 將餐點包裝後交給顧客的過程是否妥當？
• 顧客所點的餐點暫時缺貨時，應對態度是否正確？
• 金錢的收受是否良好？
• 向顧客道謝與歡迎再度光臨的招呼用語是否切實做到？
• 整體的服務是否令人感覺親切？
• 是否有愛心？
• 面對各種顧客，反應是否靈敏？
• 是否能夠滿足顧客的需求？
• 是否隨時保持微笑？
• 燒烤類的餐點處理是否恰當？

(3)店面

• 店面是否維持整潔乾淨？
• 如果不知道應該怎樣回答的話，詢問其他經理。
• 如果答應幫助顧客尋找資料，那麼務必履行承諾。

(4)如何面對一位非常憤怒的顧客

• 使自己保持冷靜。
• 設身處地為顧客著想。
• 花點時間聆聽。
• 找出顧客的真正需要。

(5) 要主動與顧客接觸

- 表示出你關心、在意顧客，以鼓勵他們再次光臨。
- 從交談中瞭解到顧客對光臨本餐廳的感受。
- 在店內用餐的顧客是否感到愉快？
- 與顧客擦身而過時，是否能夠親切愉快的與顧客打招呼？
- 對於光臨與離去的顧客，能否親切愉快的打招呼？
- 對於行動不便的顧客是否提供適當的關懷？

微笑是服務宗旨。微笑作為商品貫穿整個服務過程，深受顧客的歡迎。

發自內心的自然微笑是最動人的，但是長時間的工作會使身體疲勞，這時要保持微笑就不再是件簡單的事情，輕鬆自在的微笑尤其變得困難。為此，對各個店舖的微笑服務進行了調查，將得到的經驗體會進行總結後，進行了推廣。微笑服務是其與競爭對手拉開距離，銷售額遙遙領先的一大因素。

在速食店，我們不但出售速食，而且還出售微笑。微笑是可貴的附加商品，它將給我們帶來更多的顧客。

1. 微笑服務的秘訣

(1) 經常進行快樂的回憶，努力將自己的工作維持在最愉快的狀態。

(2) 受店長「笑容滿面」的影響。

(3) 在工作的前一天，儘量保證充足的睡眠時間。

(4) 店長要時刻提醒自己「我的笑容對全店員工和工讀生是否能夠以愉快的心情開展工作起決定作用」，以此來督促自己總

是「笑容滿面」。

(5)即使是在非常繁忙的時段，也要儘量使自己放鬆，只有這樣才能使自己的微笑看起來輕鬆自在。

2. 微笑服務的維持方法

(1)長時間的作業，會使人感到非常疲勞，這時尤其應該提醒自己不要忘記微笑服務。可以抽空去一趟盥洗室，在那裏用冷水洗洗臉，放鬆放鬆。

(2)如果想起自己的孩子在家裏生病，一定會因為擔憂而笑不出來，但是如果再換個角度想想自己的孩子在與病魔作鬥爭時是多麼堅強，自己也會受到鼓舞，笑容也就不知不覺地流露出來。

(3)「看你們整天笑容滿面，好像從來沒有煩惱似的。」聽到這樣的話，心裏多少會有點不舒服，臉上的笑容也會變得不自然起來，但是如果把這理解為「這是只有專業人員才能做到的專業水準」時，就會因為自豪而微笑起來。

(4)附近的小孩經常會叫嚷著「請給我微笑」來到店裏，於是就親切地與他們打招呼，並微笑著說：「那麼請接受微笑！」

3. 微笑服務的源泉

(1)健康的身體和高尚的服務精神。

(2)來自顧客的一句「謝謝」。

(3)工作場所的氣氛很愉快。

(4)受其他工讀生信任的時候。

4. 妨礙微笑服務的因素

•在工作中受到訓斥。

- 受到不公平的待遇或受到歧視。
- 店長擺出自以爲是公司正式員工的態度。
- 在營業繁忙期 MGR 不能保持冷靜的態度。
- 在營業繁忙期人手不夠。
- 在店鋪工作時間太久。
- 在一個工作崗位上作業時間太久。
- 眼前的顧客對點菜內容不能很快決定下來。
- 爲顧客推薦的食品遭到拒絕。
- 收銀台裏的現金不足。
- 商品的製造速度跟不上顧客的點餐要求。
- 原材料的庫存狀況不好。
- 顧客要求索賠。
- 自己的工作積極性沒得到重視。
- 遇到討厭的顧客。
- 來店鋪上班時,沒有馬上被分配工作。
- 被強行要求向顧客進行商品推銷。
- 店裏有不懂禮貌的顧客在喧嘩。
- 對自己的工作不滿意(與工讀生訓練員有矛盾)。

5.引發微笑服務的因素

(1)女工讀生

- 晴朗的天氣和良好的身體狀態。
- 工讀生休息室的良好氣氛。
- MGR 開的玩笑很有趣。
- 在工作中受到表揚。

• 店鋪營業不是非常繁忙。

• 向顧客推薦食品成功。

• 工作時間不是很久。

• 感到工作起來很有幹勁。

• 在自己比較喜歡的作業崗位上。

• 因爲工讀生中有自己的朋友，互相覺得很融洽。

• 接待客人的狀態令自己滿意。

(2)工讀生訓練員和迎賓員

• 感覺到自己存在的重要性。

• 進店時，店鋪的氣氛很好。

• 看到 MGR 精力充沛。

• 得到 MGR 恰到好處的指示。

• 感覺到與 MGR 配合得很融洽。

• 能夠很好地與 MGR 進行交流。

• 受到其他工讀生積極工作的感染。

• 有熟客來店。

• 可愛的小孩由媽媽領著來到店裏。

• 對自己的工作很有自信。

• 來自顧客的一句「謝謝」。

• 與顧客進行適度的會話。

• 店鋪工讀生的進步。

連鎖秘訣 16：肯德基的工作手冊

　　特許經營是一種成功的商業模式，也是肯德基速食店從無到有、從小到大、從弱到強，發展壯大的法寶。特許經營，即特許連鎖經營，也叫加盟連鎖，即連鎖店通過有償方式，獲得與連鎖總部簽訂由其轉讓業務模式特許經營權的授權協議。對於購買特許經營權的投資者來說，特許經營與獨立經營的最大區別就在於存在著一個連鎖權利「轉讓人」。特許經營由三要素組成：一是「盟主」，即連鎖總部；二是「盟員」，即各個連鎖店；三是「盟約」，即規定了轉讓包含全套經營方式、管理技巧、無形資產在內的資產。

　　特許經營有其獨特之處，它在經營中所表現出來的是標準化、單純化、統一化、專業化等四個方面，特許系統採取統一商號、統一採購、統一配送、統一管理、統一信貸、統一核算、統一經營方針、統一廣告宣傳、統一銷售價格和統一服務規範等十條措施，形成了低成本、高利潤、顧客群龐大穩定、連鎖店網路廣泛、規模經濟效益日益提高的良好局面。

1.經營標準化

　　經營標準化要求連鎖店在店名、店貌、設備、商品、服務等方面，完全符合連鎖總部制定的規則，達到所認證合格的水準。

對於各連鎖店的店堂設計，必須嚴格執行連鎖規定。建築式樣、設計、建造必須充分保持獨特的外觀特色和商業個性，至於店名，更是一字不可更改。

在商品和服務領域，更是公司嚴格實行標準化的重中之重。

在肯德基，連鎖總部從不給予任何加盟人自由經營商品的權力，更嚴格禁止其任意更換經營的品種，或是在操作上自行其道，在所有連鎖店內，不能有自動點唱機、自動販煙機等擺設。

想成為一名員工，男僱員必須把頭髮剪得跟軍人一樣短，黑皮鞋擦得油光鋥亮；女僱員必須身穿深色服裝，平跟鞋，戴髮網，而且只能淡妝打扮；所有僱員必須保持指甲乾淨，並一律穿規定的制服。

由於始終如一地堅持和推崇經營標準化，同時建立及使用速食生產線等現代工業化生產方式，並不斷提高生產經營的機械化、自動化程度，推廣規範化操作行為，使得其成為一座標準化下的「廚房工廠」。

2.經營單純化

單純化要求連鎖各個崗位、各個工序、各個環節自身運作時，盡可能做到簡單化、模式化，從而減少人為因素對日常經營的不利影響。

為此，費盡心思編寫了《工作手冊》，並不斷改進、加以擴充。每一家連鎖店都要嚴格按照手冊操作，在保持簡潔的前提下，最大限度地追求完善，注意到經營過程中的每一項細節。可以說細節是這本手冊的精髓，手冊中甚至詳細規定了奶昔操

作員應當怎樣灌裝奶昔直到售出的所有程序，如怎樣拿杯子、怎樣開關機等。手冊的推行，使所有員工都能夠各司其職，依照手冊規定操作。即使是新手，亦能借此手冊得以迅速解決操作問題，從而保證任何員工均能在短時間內駕輕就熟，勝任本崗位工作，實現了「誰都會做」「誰都能做」。

3.經營統一化

統一化是指連鎖店在經營過程中,將廣告宣傳、資訊收集、員工培訓、管理經營方針等整體運作，做到協調一致、整齊劃一。

肯德基的連鎖體制與其他連鎖相比，存在著不少共同點。如在連鎖店佈局上，採取的也是「漁翁撒網」和「開枝散葉」式的擴張辦法，首先追求的是經營網點數量的滾動增加。但不同之處，即肯德基的優勢在於其更重視連鎖總部和連鎖店本身相互之間的高度統一化。

為了防止加盟連鎖店各行其是，損壞公司招牌，尤其注重經營方針的一致性，眼睛裏絕不允許揉進沙子。

至於資訊收集、員工培訓、管理等經營環節，也毫不含糊地執行高度統一政策。在這種高度統一中，公司總部始終保持對分佈於世界各地的連鎖店進行嚴格的和有效的控制，使大家都牢牢地拴在一輛戰車上，一齊衝鋒陷陣，維護良好的商業形象。

4.經營專業化

專業化是指連鎖店在商業運作過程中，將決策、採購、配送、銷售等環節統統細化，即將不同職能截然分開。

　　肯德基的發展戰略和重要決策，都由公司總部負責統一制定和作出。

　　例如，在馬鈴薯貨源選擇方面，發現採用愛達荷州出產的優質馬鈴薯，會產生不同效果。經過進一步深入研究，公司發現馬鈴薯密度的高低，直接影響著炸薯條爽脆度的大小，密度21%以上的馬鈴薯，才是可以考慮使用的。因此，總部頒佈了進貨標準，要求各連鎖店由專業人員手持測量表至各供應商處精確測定，合格後方可選購。

　　而在薯條炸制技術方面，烹調技法是預先炸制 3 分鐘撈出，銷售前時再炸制 2 分鐘，這種做法有利於提高薯條的爽脆度。不久，公司制定了薯條炸制標準，在其各連鎖店內推廣採用。

　　肯德基的分工十分精細，連鎖店採購保證有貨，配送方便快捷。有一套完整、有效的供應體制，各連鎖店所需原材料及半成品，都有專人專車負責代勞，連鎖店主不用對此操心，更不用擔心配送不齊、補給不足。比如，總部將選定好的麵包、番茄醬、芥末等原料的供應商介紹給連鎖店，由其雙方按進貨標準直接交易。交易過程十分簡單，它不僅免去了連鎖店尋找貨源、組織運力等工作，而且還能得到供應商穩定的合作，從而使連鎖店主能夠騰出更多的時間和精力，專心致志地搞好自己的經營工作。

連鎖秘訣 17：連鎖業的特許經營方式

一、規範運作是高效的特許經營

肯德基的特許經營制度，歸納起來有以下幾點：

1.特許費

被特許者與肯德基公司一旦簽訂了特許合約，就必須先付給肯德基公司首期特許費，這筆費用，其中一半用現金支付，另一半以後再交。

此後，被特許者每年要向公司交一筆特許權使用費（也稱「年金」），數額是年銷售額的 3%；另外，每年再交納一筆房產租金，數額是年銷售額的 8.5%。

2.協助新店開業

每開一家分店，肯德基公司都要親自派人員前往該地區考察，協助選擇店址，並負責組織安排店鋪的建築、設備安裝，以及店鋪內外的裝潢設計，使每家分店都達到統一的標準，形成統一的形象。

3.合約契約

除了詳細規定雙方的權利與義務外，肯德基公司與被特許者的合約還規定了特許授權的限期，它一般是 20 年。

4.總部責任

公司總部並不是在收取被特許者的特許經營費用之後就甩手不管，而是主動承擔許多責任。這些責任包括：

- 協助分店進行店鋪選址及前期籌備工作。
- 培訓分店員工。
- 向分店提供管理諮詢。
- 向分店提供統一的廣告宣傳、公共關係、財務諮詢。
- 提供人員培訓所需要的各種資料、教學工具和相當的設備。
- 向分店提供貨源時給予優惠。

5.貨物分銷

公司總部並不是直接向加盟分店提供餐具、食品原料，而是由總部和各專業供應商簽訂合約，再由這些供應商向各分店直接送貨、退貨。

作爲世界上最成功的特許經營者之一，讓其引以爲榮的是它的特許經營方式、成功的異域高層拓展和國際化經營。在其特許經營的發展歷程中，積累了許多非常寶貴的經驗。

(1)明確的經營理念與規範化管理，最能體現肯德基特點的顧客至上、顧客永遠第一的重要原則。

(2)嚴格的檢查監督制度，監督體系有三種檢查制度：一是常規性月考評；二是公司總部檢查；三是抽查。這也是保證肯德基加盟店符合部門標準、保持品牌形象的保障。

(3)完善的培訓體系，這爲受許人成功經營肯德基餐廳、塑造「肯德基」品牌統一形象提供了可靠保障。

(4)聯合廣告基金制度，讓加盟店聯合起來，可以籌集到較豐厚的廣告基金，從而加大廣告宣傳力度。

(5)相互制約、共榮共存的合作關係，這種做法爲加盟者各顯神通創造了條件，使各加盟者行銷良策層出不窮，這又爲品牌價值的提升立下了汗馬功勞。

正是通過在特許經營中實施上述策略，獲得了巨大的成功，開創了特許經營的輝煌業績。

二、特許經營總部身兼八職

肯德基是世界上最成功的特許組織之一，它在全球的特許加盟店，約佔其總店鋪數的 70%，並且仍在以每年約 2000 家的速度增長。

特許連鎖經營和傳統的單店經營相比具有店鋪眾多、網點分散、業務量大的特點，但其本身的運作規律又要求各個加盟店在經營中做到統一店名店貌、統一進貨、統一配送、統一價格、統一服務等，因此特許經營中總部的管理應具有相應的水準。

要管理一個龐大的連鎖王國絕非是一件容易的事。對此，連鎖體系爲了有效管理分散在全世界各地的所有速食連鎖店，建立了一套有效的中心管制辦法，發展出一套作業程序。總部的訓練部門向每個加盟者傳授這套程序，並保證他們在實際運作中嚴格執行。

1. 肯德基總部的職能

總部的組織結構及職能主要分為兩大部門：加盟店開發與培育部及市場行銷和操作部。而這兩大部門又分別設立各個職能部門，領導各個加盟店。

總部的職能主要包括以下八大方面：

(1)管理職能

除了加盟店的銷售和各種日常工作之外，總部要處理包括成本費用和利潤的計算與核算，以及福利與社會公共事務等。總部統一處理加盟店的經營統計，對其經營業績進行比較和分析，並提供改進的意見與建議。

(2)產品開發與服務改進職能

根據各連鎖店當地的市場變化與競爭，總部需要及時地改變產品的品種、品質、外觀、促銷方法和服務辦法，開發出適合市場需求的新產品和更優質的服務方法，並以合適的價格和方式提供給各個加盟店。

(3)系統開發職能

遍佈全球的肯德基餐廳都是肯德基系統的一部份，由總部對各項職能進行有機整合，發揮其整體優勢。

餐廳並不是肯德基這一世界品牌的全部，它只是冰山的一角，因為在它的後面有全面的、完善的、強大的支援系統全面配合，已達到質與量的有效保證，而這強大系統的支援當中包括：擁有先進技術和管理的食品加工製造供應商、包裝供應商及分銷商等採購網路、完善健全的人力資源管理和培訓系統、世界各地的管理層、運銷系統、開發建築、市場推廣、準確快

速的財務統計及分析……

(4)促銷職能

所有加盟店的促銷活動和廣告費用都由總部統籌安排，不但可以提高整體形象，還能靠規模效應而降低相關費用。

(5)教育和指導職能

總部負責對所有加盟店的從業人員及管理人員提供定期的教育和培訓，直到加盟店的營運能有效貫徹肯德基手冊。

(6)財務與金融職能

總部通過融資活動向加盟店提供資金援助。對於財力薄弱或資金有困難的加盟店，總部以連帶擔保的方式，與融資機構協商，幫助加盟店獲得貸款。

(7)資訊收集職能

總部及時向各個加盟店提供世界各地的市場訊息和消費動向等資料。同時總部還收集系統內各加盟店的各種資訊，編成有重要參考價值的資訊，及時提供給各個加盟店作爲參考。

(8)後勤支援職能

總部統一採購商品以及生產商品所需要的原材料，爲所有加盟店提供所需的各種物資。

在這種高度統一中，總部始終保持對分佈於各地的加盟店進行嚴格和有效的管理和控制，使大家都牢牢地拴在一輛戰車上，一齊衝鋒陷陣，維護良好的商業形象。

2.總部與分店融洽的關係

許多公司在開展特許經營業務時，由於方法不當，造成與各特許分店關係緊張，最終鬧到不歡而散的地步，使雙方都產

生了不必要的損失。而公司總部在處理和各種特許分店的關係上，都取得了非常成功的效果。

(1)加盟費用低

公司總部在向特許分店收取首期特許經營費用時，這筆錢相對於其他公司而言很低，而且年金和房產租金也很低。較低的特許經營費用，大大減輕了各加盟分店的負擔。

(2)購買原材料讓利

在進行原材料採購時，總部始終堅持向各特許分店讓利的原則，即將採購中從供應商那裏得到的折扣優惠無條件地直接轉讓給各特許分店，如 30%的食品折扣。

這種無條件讓利給特許分店的優惠措施，極大地鼓舞了被特許者的工作激情，促進了總部和分店之間的團結，成為加強總部和分店合作的一種重要方式。

(3)購買設備讓利

將設備和產品按供應商提供的實際價格轉讓給各特許分店，即以供應商供貨的實際價格，將設備和新產品原價轉讓給各特許分店，一方面減輕了各特許分店的經濟負擔，另一方面又增強了其經營實力，從而使得總部和各分店之間建立了良好的團結合作關係。

(4)對被特許者的要求

對被特許者有一定的資格要求，並不是隨便什麼人都可以加入的。這些資格要求包括以下幾個方面：

• 具備企業家的創業精神。

• 富有強烈的成功慾望。

- 具備處理人際關係的突出技能。
- 具備較強的處理財務的能力。
- 願意接受公司總部的培訓項目,培訓時必須全力以赴, 並做好培訓一年或者更長一些時間的準備。
- 具備一定的實力,即被特許者要有良好的財務資格,以 及維持營運必備的資金。

(5) 指導贏利

經營餐飲零售業,會面臨可能虧損的問題。對於公司及其 分店來說,也同樣存在是否贏利的問題。經營肯德基餐廳是否 能夠贏利,與許多因素有密切關係:

- 店鋪的位址選擇是否有利。
- 店鋪的銷售狀況是否良好。
- 經營成本高低情況。
- 被特許者經營管理能力和決策、控制能力如何。

如果能夠妥善解決這些問題,使問題朝著有利的方面轉 化,那麼贏利是不成問題的。在世界各地的迅猛發展已經有力 地證明了這一點。

三、締結終身的婚姻──選擇合適的加盟商

肯德基對加盟者的選擇非常謹慎,不但要考察實力和業務 素質,對加盟者的心理素質及管理能力也是重點的考察因素。 肯德基只選擇個人加盟者,而且要求加盟者終身加盟,把經營 餐廳作為自己的事業而不是謀生的手段。

1. 特許經營的精神

獨特的特許經營方式集中體現了公司與連鎖加盟者之間的互利互惠、各得其所、皆大歡喜的精神。

(1)以公平互利原則訂立連鎖合約

肯德基拋棄了只追求向連鎖加盟者收取高額權利金的傳統做法，也放棄了盟主佔盡所有有利條件而把不利條件千方百計轉嫁給連鎖加盟者的操作方式，不向加盟者強行搭配出售用具，而是堅持先加盟店主賺錢、後連鎖盟主賺錢的原則。

這種「互利互惠、放水養魚」式的做法，有利於培養加盟者對連鎖盟主的忠心，從而形成了「你有我有大家有」的賺錢方式。

(2)高度統一、嚴格管理的運作模式

要求所有的連鎖店和連鎖加盟者必須反映肯德基的精神實質：快速、統一。不得絲毫改變肯德基的樣式，必須實行一樣的菜單、一樣的價格、一樣的操作設備、一樣的用具等等。絕不允許連鎖店「掛羊頭賣狗肉」，另搞一套。

通過責、權、利的三方結合，儘量調動加盟店的積極性，使其為自己、為公司的利益而努力，從根本上使其成為一個穩定的、品質統一的企業。

(3)有獎有懲，嚴格管理，決不容許犯規

經營得法、效益好的連鎖店主可以獲准購買新店的連鎖權，使加盟連鎖店主賺得更多。而經營不善、不遵守肯德基協議的「犯規者」就會被毫不留情地清除出肯德基，誰也不例外。

2.只選個人不選企業

品質是企業的生命。寧願放慢連鎖店的發展速度，也絕對不降低整個連鎖體系的品質。捨棄「區域連鎖」的制度，堅持連鎖店一個一個地開，連鎖權一份一份地賣。

這種方式有利於新開的連鎖店在沒有內部競爭壓力的環境下，有一個比較理想而寬鬆的自由發展空間，比較容易經營賺錢。加盟人的選擇是特許運作中至關重要的一步，對加盟人的甄選向來非常謹慎。

(1)加盟條件

對於肯德基這樣一個世界級頂尖品牌來說，任何一個單體店的失敗，對品牌及商譽都無疑是一場災難。

加盟者的選擇是特許運作中至關重要的一步。從特許推出時間、地點的選擇，到特許加盟人的甄選，再到特許推廣方式的構思，每一步棋都走得小心翼翼。

加盟的條件看似簡單，但其實不然。對於肯德基來說，加盟者不僅要有錢，他們更加看重的是加盟者的個人素質，以及對經營管理的投入程度。

在土地和建築上投資，特許經營者在設備、商標和裝修上投資。肯德基的收入通過特許經營系統，按產品營業額的百分比向特許經營者收取租金和特許權費，特許經營者通過經營餐廳賺取利潤，而餐廳的日常業務則均由特許經營者來管理。

(2)費用支付

加盟者一旦與肯德基簽訂了加盟合約，就保證要上交其銷售額的 4%作為特許權使用費，外加 8.5%或更多比例的銷售額作

爲名牌租用費，另外還需要支付營業額的 4%作爲廣告費。

這就是說加盟者每收入 100 元就要支付給肯德基 16 元。這樣的代價換取一個公司和服務集團的網路，對於加盟商來說是相當值得的。因爲一般來說，每家連鎖店每年可以賺取 900 萬元以上。

(3) 接受培訓

除了滿足資金、經驗、能力等條件限制外，還必須接受爲期一年的培訓。有遍佈美國、英國、德國、日本和澳大利亞的國際培訓系統。僅美國中心就有 30 名常駐教授，具有 27 種語言的同聲翻譯能力，畢業生至今已有 7 萬人之多。

這一名副其實的「漢堡大學」向他們的特許經銷商和餐廳經理傳授管理經驗和企業文化，以達到產品和服務的一致性和連貫性。

肯德基的成功並不在於其洋速食的口味，而在於其標準化的生產和管理，以及由此而形成的幽雅舒適的就餐環境和精心營造的餐飲文化。正是這套系統，使肯德基服務由無形變成有形，也使肯德基速食由美國走向了全世界。

3.規範的加盟程序與合約

在加盟者提出申請後，總部會及時進行對申請者的信譽調查和市場調查，在對申請加盟者進行一系列嚴格的考核後，如果認爲申請加盟者符合要求，便與之簽訂加盟合約。雙方就可以立即開始著手加盟店的工程設計和施工，同時總部開始對加盟店的經理及服務人員進行培訓。

加盟合約書上的基本條款是由總部制定的，因此加盟者幾

乎沒有修改合約的餘地。

加盟合約書規定了總部與加盟店各自的權利與義務,包括:
· 標誌和商號的使用權。
· 店址和經營區域的限定範圍。
· 店面內外裝飾的統一標準。
· 設備投資和物資供應。
· 加盟費用和特許權使用費。

另外,也規定了總部對加盟者應承擔的義務:
· 對加盟店員工進行訓練和培訓。
· 促銷和廣告宣傳。
· 提供財務和會計人員的援助。
· 提供營運手冊。
· 規定經營政策。
· 審查加盟店的財務報告。
· 提出商品供應條件和貨款結算方法。
· 參與其他連鎖系統和經營的有關規定。
· 特許權的轉讓與收回。

在這個連鎖體系中,總部處在特許權的轉讓方位置,加盟店則是特許權的接受方。雙方以特許權合約為紐帶聯繫在一起,結合為大型的經營網路。

但是,各個加盟連鎖店又擁有對自己的所有權,因此其所有權是分散的,但經營權卻是集中於總部。各個加盟店之間沒有橫向聯繫,只與總部保持縱向聯繫。總部與各個加盟店之間保持著相當緊密的關係。

連鎖秘訣 18：有效的人員管理

連鎖餐飲業的員工流動率較高，因此其人員管理已成為一項日常的而且非常重要的工作。

人員的管理，始於人員招募，著重於人員溝通，此外也重視人員的激勵。

餐廳的員工一般有兩類：一類是管理人員，一類是普通員工。這兩類人員的工作性質不一樣，因此，對他們的招聘也有比較大的差別。普通員工主要負責日常的生產、服務、清潔任務，員工數量大，員工流動率比較大，而且多數是工讀生，因此，招聘工作量大而且頻繁，一般經過初次篩選和一兩次面試即可。而管理人員是餐廳的核心人員，工作性質複雜，責任重大，對餐廳的成敗發揮著重要作用。因此，除了初步篩選和麵試外，還要依據條件和可行程度，採取筆試、能力測試、現場測試等測試手段對應聘者進行進一步的測試。

對管理人員的招聘工作，主要把握兩點：招聘程序和對應聘人員的測評方法。

(1)招聘程序

①發佈招聘啟事。在招聘啟事中，要求註明擬招聘的工種、工作性質、所需員工條件、福利待遇、計劃招聘人數等。

②應聘者填寫應聘表格，提供必要的應聘材料，包括簡歷、

推薦信、專業技術證書、獲獎證書等。應聘材料只要求提供影本。

③由人事經理從眾多的應聘者中選擇符合條件的人員，通知其前來面試。在面試時，除了進一步篩選出符合面試條件的應聘人員外，人事經理還有責任向應聘者說明發展的機會、潛在的挑戰、工資水準、提升的機會、工作崗位的可靠程度、工作的局限性或不利的方面等，以便提供一個公平的雙向選擇的機會。

④人事經理初步面試完後，還要根據情況採取筆試、能力測試、現場測試等測試手段，進行進一步的測試。

⑤選擇初步面試合格和其他測試合格的人員，報請總經理進一步面試，由總經理決定錄取與否，把結果回饋人事經理。

⑥由人事經理對候選人提供的材料予以查對和核實。此時，要求候選人提供應聘材料的原件，如學歷證書、技能等級證書等。如果有弄虛作假者，立即取消被錄用的資格。

⑦通知其本人進行體檢，體檢合格者將被正式錄用。

(2)招聘測試方法

招聘測試的方法一般有面試、筆試、能力測試、現場測試、行為測試等。其中，面試是必不可少的一個測試環節，其他測試方法可以根據餐廳現有的條件來選擇。

一是面試。

①面試的場所。安靜、清潔；分成兩間，一間等候室，一間面談室；有攝像機最好。

②面試的方法。面試的方法有觀察法和交談法兩種。觀察

法是指在等候室由人事工作者對應聘者進行觀察、記錄。交談法是指由招聘考官與應聘者直接面談。

③面試的內容。主試者(一人或多人)可以以各種問題,面對面地詢問應聘者,並要求當即以口頭方式作答。它可以直觀、機動、靈活地考察應聘者的多種能力,直接瞭解應聘者的個性、動機、儀表、談吐、行爲及知識水準。例如:你在原單位工作崗位的具體職務和職責是什麼?你在工作中取得了什麼成績?請談談工作與成績有何關係?如何能證明這些成績?有無證明材料或見證人?取得這些成績你付出了多大努力?其他人的貢獻是什麼?是誰?關於你的工作你喜歡什麼?不喜歡什麼?你爲何要調換工作?你爲什麼選擇了我們公司?原工作的工資水準、福利待遇如何?和同事如何相處?參加過何種愛心活動?

④面試的目的。面試的目的是爲了瞭解應聘者如下一些素質和特點:興趣與愛好,專業特長;儀表風度,體格狀態,衣著舉止;自控能力,理智與耐心,道德和品質;工作期望,事業心,進取心;反應、分析、口頭表達能力。

⑤主考官的素質要求。掌握相關的人員測評要求;瞭解公司狀況及崗位空缺;公正、公平;能運用各種面試技巧;豐富的工作經驗和應變能力,能使氣氛活躍;具備相關的專業知識。

⑥面試結果的評價。將面談取得的資訊加工、分析,最後記分。

二是筆試。應聘者在試卷上筆答試題或判斷結果。它可以有效地測評其基本知識、專業知識、管理知識、綜合分析能力和文字表達能力等。它對應聘者心理壓力小,易於正常發揮,

成績評估公正客觀。

①筆試種類。筆試可分爲論文式筆試和測驗式筆試兩種。論文式筆試是指按指定的題目和提示範圍，通過寫論文表達其所具有的知識、才能和觀點，如如何在本崗位上開展工作等。測驗式筆試是指主要通過直接問答或填空表達等，讓應聘者表達自己的學識（相關專業知識、理論）。

②筆試的實施。筆試可通過以下三步實施：命題，既能測量其文化程度，又能表現其工作能力，由專家或專業人員命題；擬定標準答案，制定統一的評閱記分尺度；評閱，按照標準答案和評分規則記錄分數。

③筆試地點和時間選擇。在比較空閒時把應聘者召集到培訓室統一進行筆試。

三是基本能力測試。基本能力測試可以採取以下兩種具體檢測方式。

①劃字測驗。這種測驗方式用於測定應聘者的注意力集中、分配和轉移的能力。測驗方式描述如下：一張數字表格，共 20 行，每行 50 個數字，要求應聘者將 8 字後面的 5 字劃掉。例：743285658692385。一分鐘爲限，第一行從左到右回到第二行再從左到右，循環反覆，直至主考官叫停。劃對的數之和爲粗分，劃錯的加上劃漏的稱爲失誤。

$$淨分＝粗分－失誤$$

$$失誤率＝失誤／（粗分＋失誤）×100\%$$

②數字配符號測驗。這種測驗方式用於測定應聘者的記憶與動作的協調能力。例如，下面共有四排數字或字符，要求在

一分鐘內記憶，最後通過得分率來判斷應聘者的記憶能力。

　　四是工作現場測試。通過應聘者在工作現場實際操作，來考查其行爲能力。

　　①測試地點。選擇在餐廳。

　　②測試時間。晚、中、早三個班次共三天。

　　③測試內容。清潔：掌握其標準性與耐心；覆核：定期從收銀機取出一定數量的 100 元或 50 元大鈔，考查其記憶操作能力；擦洗油煙機：判斷其吃苦耐勞的品質；櫃台服務：瞭解其服務意識、顧客滿意意識；盤點：觀察其對數字的敏感性與準確性。

　　④測試程序。主考人員對餐廳略作介紹；訓練員先教其一項工作內容，讓其照做，訓練員則在一旁觀察、記錄；當天工作結束時店長與其溝通，並記錄；三天后作一次總結，讓應聘者填一份總結試卷後，店長與其溝通；店長把評估結果告知人事部，人事部通過總經理核實決定錄取與否。

　　五是行爲模擬測試。行爲模擬測試法也稱情景模擬法，它是一種在設定的情景中，讓應聘者扮演相應的職務角色，從而考查其行爲能力的方法。這是在現場測試法無條件進行時的最

佳替代方式。

①類比方式。可以讓應聘者扮演值班經理和顧客兩種角色。

公司簡單模擬一個餐廳，由應聘者扮演值班經理的角色。現有一名顧客因品質問題投訴，或見一名員工因工資極低而發牢騷，值班經理應如何處理。

由應聘者作為一個顧客去餐廳用餐，指出餐廳的優缺點，以及如何去改進。時間選擇假定為營業高峰期。

②模擬評估。由專業人員事先準備好試題及標準答案，以此作為評分依據，由主考官進行。

(3)錄用

主考官根據以上各項測評、面試的成績，按比例相加，其中管理能力與動手操作能力的比例要高些，從高分依次錄取，把錄取人員名單報請總經理，總經理見後把最終名單告知人事部，人事部通知其體檢，合格後等候上班時間的通知。

(4)職前述職

在上崗前，要對新招聘的管理人員進行崗前培訓。培訓結束後，正式上崗前，要求新管理人員進行職前述職，以便強化其崗位意識。述職的內容包括：崗位名稱、直接上級、直接下級、本職工作、須負責任、主要權力、工作範圍、職務素質要求、待遇和報酬。

4.員工的招聘

員工需求量大，素質要求相對低一些，所以難以像招聘管理人員那麼嚴格。只要經過初次篩選和一兩次面試即可。每月制訂出招聘需求計劃，每週進行一次招聘。為了有個較穩定的

工作隊伍，須招一定量的全職人員，保證其每週工作 40 小時，且能隨時排班。

具體招聘程序和招聘要領如下：

(1)制訂招聘計劃。招聘計劃中包括擬招聘的工種、人數、素質要求等，可以適當照顧殘疾人員和下崗職工，男女比例要恰當。人員招聘計劃表見表 18-1。

表 18-1　人員招聘計劃表

項目　　月份	1	2	3	4	5	6	7	8	9	10	11	12
本月營業額預估												
本月所需服務人數	A											
預估離職人數　　實際離職人數	B	C	D									
現有可排班人數	E											

應招募人數										
	11	12	1	2	3	4	5	6	7	8

需要服務員數目　　*時間/週平均工時　　餐廳名稱：
應招募人數：A＋B＋C＋D－E　　製表人：
每月 24 日完成　　預估離職率：5%　　TC/H：＿＿＿＿　AC：＿＿＿＿
中心經理：　　　　　　　　　　　　週平均工時：＿＿＿＿＿
時間：＿＿＿年＿＿＿月＿＿＿日

(2)貼出招聘啟事。招聘計劃經店長批准後，可在餐廳貼出大幅招聘啟事，同時管理人員可在人才市場、服務人員可在職業介紹所貼出相應的招聘啟事，或通過員工引薦，餐廳還應設一個回收信箱或標明通信地址、聯繫電話。此外，也可以與大、

中學勤工儉學部聯繫。

　　應聘表可參見表 18-2，招聘月曆可參見表 18-3。

表 18-2　應聘表

姓	(中文)	性別	身份證編號		照片
名	(英文)	血型		籍貫	
家庭住址			電話		
出生日期			出生地		
政治面貌		婚姻狀況		配偶姓名	

緊急	姓名		關係		電話	
聯絡人	地址					

可工作時間：	星期	一	二	三	四	五	六	日
住處距離_____	始於							
每星期上班總時數____								
交通方式_____	止於							

應徵職位：　　　　　　　　　　有何特長_____
　　　　　　　　　　　　　　　每小時希望薪資_____

教育程度	時間	學校名稱(包括職業教育)	專業	證明材料

工作簡歷	時間	單　位	職位	工資	離職原因

健康狀況
有沒有足以影響工作的疾病，如有請說明：

本人允許審查表內所填各項，如有虛假願受解職
應徵人簽名：_____　　　　處分日期：_____

表 18-3　招聘月曆

營業額目標: 控制後利潤:			姓名: 職位:			招聘目標:	
1日 日	2日 一	3日 二	4日 三	5日 四	6日 五	7日 六	
	計算 招聘 人員			向 經 理 申 請			
8日 日	9日 一	10日 二	11日 三	12日 四	13日 五	14日 六	
		貼出 招聘 啓事		一次 面試		二次 面試	
15日 日	16日 一	17日 二	18日 三	19日 四	20日 五	21日 六	
	一次 簡介						
22日 日	23日 一	24日 二	25日 三	26日 四	27日 五	28日 六	29日 日　30日 一

　　(3)篩選人員。由文秘根據公司要求，對手中的應聘表格粗略篩選，通知入選人員進行一次面試，由本公司富有經驗的管理者進行面試，以面談爲主，必要時進行筆試。面試要領如下：

　　①面試人員應表現出良好形象，這是代表公司留給應聘者的第一印象。

　　②面試人員首先自我介紹，包括工作內容、性質、責任、福利等內容。

　　③面試地點以靜爲主，避免干擾。

④面試時以應聘者談為主,佔 85%。面試人員應採用封閉式問話的方式,內容包括過去工作情況、待遇、離職原因等。

⑤面試結果暫不公佈,告知應聘者需要時會通知他們。

⑥面試人員從以下五個方面問話,要注意保護個人隱私。

· 第一,是否具有良好的團隊合作精神。

描述一個你和他人合作成功的例子。

在工作中,你和同事意見不同時,你如何處理?

描述一個你幫助別人,讓他感到高興的例子。

你認為同事之間如何相處,為什麼?

· 第二,是否具有良好的顧客滿意意識。

請問你是否有商業服務的經歷?如有,請介紹。

請問你如何服務一個客人?

讓你打掃衛生間,你認為如何?

你認為現在社會上商業服務態度如何,標準是什麼?

· 第三,是否具有良好的體質與精神狀態。

通常你是如何去完成一項工作的(注意步驟)?

描述一個中途改變計劃的例子,為什麼改變?如何對待?

你一天工作幾個小時?最長多少?累嗎?

人生中,你有很大收穫或教訓的例子嗎?

· 第四,是否具有較高的工作標準。

你為什麼選擇這份工作?

請介紹一下你單位或學校的狀況。

描述一個把工作處理滿意的例子。

工作遇到困難時,你如何對待?

舉一個失敗的例子。

你業餘時間做什麼？

·第五，是否能夠提供相對多且時段好的工時。

你一般在什麼時間可以來上班？

你喜歡在什麼時間來上班？

如果安排你在你不太喜歡的時間來上班，你覺得如何？

(4)店長覆試。根據第一次面試結果，逐個通知合格人員，由店長根據協定好的時間進行第二次面試。挑選出符合公司要求，本人又有意參與的應聘者。特別注意對在本行業有工作經驗的人，既不大材小用，也不揠苗助長，只求合適。

(5)審核。經店長覆核後選中的人員，由文秘根據提供的資料進行核實，把核對結果報請店長，店長確認後決定錄用人員並回饋人事經理。

(6)通知。人事經理請文秘對錄用人員逐個通知，告之報到的時間和地點。報到時需帶好身份證及其影本、健康證、審檢證、務工證等，還有制服押金 100 元。學生只需學生證，免其他證件。另外，如通過銀行發工資還需提供帳號。

(7)召集。按約定的時間召集錄用人員，由經理組織觀看錄影，並向新員工介紹如下一些內容：①你的工作及工作時間；②付薪日及方式；③制服；④整潔及個人衛生；⑤安全健康；⑥公平待遇；⑦職務調動；⑧請假；⑨學習；⑩溝通。

介紹完畢後，告訴新員工不必緊張、公司為他們準備了什麼；然後帶員工巡視餐廳一遍，逐個介紹，強調服務行業的微笑、快速、優質服務；最後收取證件、押金，發制服，建立人

事檔案，通知上班時間；上班後首先進入崗位培訓。

5.見習經理的招聘

招聘見習經理測試程序可參見表 18-4。

表 18-4　招聘見習經理工作現場測試程序

（一）班前簡介
1.講解班表、注意事項和付薪辦法。
2.訓練系統。
3.福利。
4.工作職責（經理）。
5.隨手清潔。
6.向餐廳員工介紹。
7.看櫃台錄影。
8.告之目標。
9.請員工配合（清潔區域）。
10.觀察適應與接受能力、管理技巧（飲料、備餐）。
11.觀察力（觀察午餐運營時段）。
12.討論，提出問題。
（二）工作崗位與工作職責現場測試
第一天：16：00～打烊結束
1.確定參觀餐廳的方向和路線。
2.參觀餐廳。
3.學習櫃台。
4.用餐。
5.營業高峰時間在櫃台備餐。
6.學習薯條工作站。
7.經理與工作人員一同完成項目的盤點。
8.用餐。
9.學習一個打烊的工作站。
第二天：10：00～19：00
1.討論「值班檢查表」。
2.完成大堂的巡視。
3.管理高峰時段大堂。

4.用餐。 5.訓練一個員工薯條工作站。 6.學習煎區工作站。 7.點大鈔。 8.服務區的監視。 9.用餐。 10.服務區飲料及備餐。
第三天：6：00～15：00
1.學習開店流程。 2.用餐。 3.檢查大堂，維護清潔，記錄問題並解決。 4.學習做顧客訪談。 5.學習炸區工作站(薯條)。 6.用餐。 7.填寫心得。 8.總結。
(三)總結
1.總結三天的工作情況(理解與表達能力)。 2.在一天當中，店長是否坐下來和您討論您的工作情況，並且回答您的問題。如果是，請描述與店長談話的內容。 3.從您目前的工作情況看，您對工作的工時數有何看法，您希望每天工作多少小時？一星期工作幾天？您希望上夜班的比例是多少？佔用多少週末？
(四)評分
1.顧客滿意。 2.工作標準。 3.個人的領導能力及熟練。 4.解決問題能力(分析及判斷能力)。 5.經營管理能力。 6.文字表達能力。 7.能否抓住問題關鍵。 8.體能與耐性。 9.溝通能力。

連鎖秘訣 19：肯德基對員工的激勵

　　肯德基爲每一位員工都提供了足夠的發展機遇，從見習服務員、服務員、培訓員到餐廳管理組人員，根據員工對工作操作要求的熟練程度，公司安排了相應的晉級職位。

　　肯德基的獎勵和認同主要遵循四個基本原則：

　　1.有趣。

　　2.主動。沒有什麼比當場表揚某人幹得好更有效的了。

　　3.個性化。

　　4.總是留意尋找爲他人成就而慶祝的機會。

　　員工激勵是企業一個永恆的話題。怎樣激發員工的積極性，是一家企業一直在思考的問題。成功的企業，更加重視激發其員工的積極性與創造性。它們認爲員工的工作熱情和內在潛力是企業唯一的發展道路，只有將企業的員工緊緊團結在一起，使他們把自己的智慧、能力和需求與企業的發展目標結合起來，去努力、去創造、去革新，這才是企業唯一的發展道路。所以它們花費更多時間和精力致力於激發員工潛力，並把激勵作爲企業長盛不衰的法寶來對待，

　　2006 年，肯德基公司公關部的一名員工就因爲組織三人籃球挑戰賽而獲得一項名爲「造鐘人」的獎項，獎品是一塊勞力士金表。在另一個剛剛創立不久的名爲「Butterfly」的項目中，

員工關係部希望達到的效果是，讓南美洲的蝴蝶一扇動翅膀，就引起北美大陸上的一場風暴——一個員工良好的行為，能影響週圍的同事，進而形成一股合力，為企業帶來正面的效應。例如，微笑面對同事，對幫助你的人保持感恩的心態，尋找機會幫助他人，在工作中多站在對方的立場來思考問題，多為公司著想節省費用等。

肯德基有一套完整的員工獎勵激勵制度，所有員工分為五個家族，每個月開員工大會都會評選「蝴蝶人物」。(蝴蝶效應指某地上空一隻小小的蝴蝶扇動翅膀而擾動了空氣，長時間後可能導致遙遠的彼地發生一場暴風雨，以此比喻長時期大範圍天氣預報往往因一點點微小的因素造成難以預測的嚴重後果。微小的偏差是難以避免的，從而使長期天氣預報具有不可預測性或不準確性。這如同打台球、下棋及其他人類活動，往往「差之毫釐，失之千里」，「一著不慎，滿盤皆輸」。)蝴蝶人物由每個家族推薦一位候選人，候選人要當眾和大家分享自己的經驗和感受，最後全體員工採用不記名投票方法選出蝴蝶人物。蝴蝶人物不僅自己可以得到小禮品而且還會為家族加分。在員工大會上，管理組會介紹這一個月來的經營狀況，傳達營運政策、程式、新產品和 CER 每月抽查的得分情況以及失分點。管理組進行對本月的訓練目標和注意事項進行提問，員工舉手回答，回答正確為家族加 50～100 分不等。每個季分數最高的家族可以得到 400 元的獎勵。這一系列的活動培養了員工的團隊精神，使得整個餐廳都像一個大家庭。

肯德基公司的高層管理人員每年都要定時巡視管轄區內每

家餐廳的情況，與每家餐廳的經理、服務生面對面交流，聽取意見。他們詢問不會說「請告訴我」，而是更加委婉說「請告訴我一下好嗎？」每個人都喜歡別人用商量的語氣與自己交談，而不是命令式的，這既是語言藝術也是細節。

在肯德基工作，對餐廳的所有管理人員你都可以直呼其名，大家的關係很融洽。在工作中他們會說，「速度快一點好嗎？」「辛苦你了」，「不錯」。也許你會說他們很虛偽，但最起碼他們的表情、他們的語言會讓你疲勞的身心得到些許慰藉，畢竟誰不愛聽讚美鼓勵的話呢？

「如果你不善待你的員工，你就永遠別指望他會善待你的顧客。」「每個人都有被欣賞的需求。對於員工來說，他們付出的時間、精力也是一種投資，他們也需要回報、得到認同，他們應該也必須明確知道他們在爲這家企業做些什麼。」

肯德基每月評選優秀服務員並進行物質獎勵，另外每月還舉行各種類型的競賽活動，如櫃台新產品促銷冠軍、廚房烹雞高手評選等，在全餐廳形成競爭的氣氛，促進員工熟練度的提高。

例如，在肯德基有一個非常著名的神秘顧客檢測制度，肯德基請了「神秘顧客」──世界著名調查公司蓋洛普對各餐廳的銷售和管理暗訪評分，達標者與伴侶可以一起前往美國，參加花費不菲的大型年會，並接受公司總部「元首級」的最高禮遇，還受到公司在全球各地區總裁的親臨祝賀。

同時，肯德基各分店激勵員工的方法是各有千秋，其中有一家肯德基餐廳經理的做法很特別：他在餐廳裏設立了一面「星

光牆」，用來表彰員工的那怕很小的一個優點。例如，一位員工下雨天給一臉雨水的顧客遞上了紙巾；一位進門時還沒來得及換好工作服的員工，主動把一疊要洗的託盤送去清洗等。雖然是很細小的事情，卻使他們都成了「星光牆」上的「大明星」，而且「星光牆」的圖片可以很卡通，文字就像電影的台詞。例如一位戴眼鏡的員工，因爲他的願望是開一家眼鏡店，因此，大家把他的「大明星」形象畫上以眼鏡店作背景，將他設計成了一個眼鏡店店長。

PIN，英文單詞有：大頭針、首飾、胸針、飾針、證章、徽章等意思。在肯德基，有各種圖案的 PIN，用於日常獎勵給表現優秀的員工，是一種激勵。員工將它佩戴在領口、胸前，是一種榮譽的象徵。不同市場、不同領導級別的 PIN 是不一樣的，看 PIN 就能知道員工得到的是那個級別人物的獎勵。

在肯德基餐廳裏，如果稍留心的話你會發現員工戴的帽子是不同的，這就是公司爲那些服務出色的員工特別頒發的「百勝帽」。在百勝餐飲集團旗下的肯德基和必勝客裏，員工每個月會在員工大會上分享自己服務顧客的工作感觸和收穫，有特別表現並且得到大家贊同的會獲得一頂「百勝帽」。「百勝帽」不僅是榮譽，更是激勵，它成爲每位員工對自己想像的承諾，促使所有員工都努力提升服務品質，在工作中保持熱情。

肯德基的每家餐廳都是一個大家庭，在這個大家庭裏沒有明顯的上下級關係，在稱呼上以某哥、某姐稱，非常親切。大家像兄弟姐妹一樣，共同經營這個家庭，相互間隨時保持溝通與協作，到處體現出團隊合作精神。而且員工常聽到他的主管

或經理說「速度快一點好嗎？」「辛苦你了」,「不錯」,「做得很棒」等,當聽到這些讚美鼓勵的話時,員工會對自己的工作更有信心。

肯德基記得每位員工的生日,在員工生日那天,餐廳點歌為過生日的員工送上祝福,生日賀卡簽滿了其他員工的祝福,這一點也讓每一位過生日的員工感動,增強了集體的凝聚力。

同時,肯德基對於員工的錯誤,也從不苛求完美。他們明白錯誤是難免發生的。對於員工出現了問題,從不叫錯誤,而被稱為「機會點」,成為員工一次極好的學習機會。他們明白給員工多些指導和激勵,而不是簡單的胡蘿蔔加大棒的管理模式,員工也就會對大家庭多一份認同。

肯德基的激勵機制使得員工能夠把肯德基當作一個大家庭,自覺自發地發揮自己的積極性和熱情。在肯德基餐廳用餐,顧客感受到的是肯德基員工的高度自覺性。員工在肯德基的激勵下,不斷地提高自身的效率,無論什麼時候都認真做事,專心、投入和充滿激情,不需要指點。

肯德基的激勵機制中有許多措施,企業高層通過運用這些激勵措施,使得員工提高了工作的熱情和責任感,提高了工作的效率,也形成了肯德基內部自己的文化,團結了員工,形成了企業的凝聚力和向心力。在這些措施當中,不得不提的是肯德基的「鼓勵認同卡」,它是肯德基員工之間相互感謝、相互鼓勵的方法。「鼓勵認同卡」的制度是肯德基激勵文化的一個重要組成部份,它是台灣肯德基首創的激勵員工的辦法,一直沿用到今天,是肯德基重要的企業文化內容。在台灣肯德基公司的

辦公室，有一面牆貼滿了一張張的「鼓勵認同卡」。這些認同卡不能購買任何東西，也不具有實際用處，但卻是員工與員工之間很好的交流方式和感激方式。這張小卡片上只有「To」和「From」兩欄，代表誰要對誰鼓勵或是感謝。如果有員工對某些員工的幫助想表示感謝，又不好意思用語言的形式表達的話，就可以使用「鼓勵認同卡」這樣一種方式，把自己的真實想法表達出來，不僅增進了員工之間的感情，同時也起到了員工激勵作用。對於不習慣用語言來感謝和鼓勵的人來說，這是一個很不錯的方法。

台灣肯德基公司每個部門必須在開月會時安排「鼓勵認同卡」製作。在開月會前幾天，各部門同事或主管必須「提案」，也就要拿張空白的認同卡，寫上誰要感謝或鼓勵誰，並列出事蹟。

其實很多時候，被鼓勵或是被感謝的人都會覺得很意外。因為，自己平常一個早已忘記的小動作或是一句話，竟然幫了大忙，並讓對方銘記在心。這不僅使人們得到了意想不到的結果，也使自己的心情一下豁然開朗。開完月會後，各部門的鼓勵認同卡片會被貼在公共走廊上專門的佈告欄上，供員工學習。同時公司不定期把這一期間的鼓勵認同卡片集中起來抽獎。被抽中時，卡片的寫方和收方同時會收到公司的禮物。當然寫得愈多，中獎的機會愈大。推動鼓勵認同卡制度，使得各部門的同事有機會靜下心來想想要感謝誰，也促進本部門同事相互欣賞別人優點，感謝別人的好處，更是主管凝聚同事感情、促進部門認同的美妙工具。

連鎖秘訣 20：工作人員要懂得溝通

溝通是人類社會生活當中一項最基本的社會行為,是人與人之間資訊傳遞和交換的過程,是人與人之間情感和意見的交流。一旦沒有良好的溝通,餐廳的工作團隊就是沒有戰鬥力的。

1. 有效溝通的技巧

(1) 四個關鍵溝通要領

①具體。

②聆聽。

③談行為不談個性,或對事不對人。

④當面表揚,私下溝通。

(2) 發送者的溝通技巧

①稱呼對方的名字。

②保持目光的接觸。

③說話要清楚、緩慢。

④用足夠大的聲量。

⑤資訊要明確、準確。

⑥使用易懂的語句,舉例。

⑦使用良好的人際關係技巧。

⑧使用肢體語言,使對方對資訊有所感受。

⑨使用簡明的語言,確保對方明白。

⑩要微笑並和顏悅色，鼓勵對方聆聽。

⑪資訊要簡單，不說一連串的事情。

⑫若覺得對方有疑問，應澄清資訊。

(3)接收者的溝通技巧

①基本過程：接收資訊－理解資訊－記住資訊－使用資訊。

②注意聆聽的態度、姿勢。

③集中注意力於所說的話，目光接觸。

④留意以非語言形式表達的資訊。

⑤用啟閉式問題作答：用「什麼時候」「那兒」「為什麼」「怎麼做」，而不是用「是」或「否」作答。

⑥沉默。

⑦重覆。

⑧表達其意(節錄其意)。

⑨回饋對資訊的理解，行動。

⑩抵制外來干擾。

⑪不要反駁，以開放心態去聽。

⑫對回饋作出反應，不要予以判斷。

2.技術標準的溝通

(1)檢查員工對標準的意識

①員工是否按標準準備工作所需的機器、工具及材料。

②員工自己的工作方式有什麼優缺點，他的方式是否簡單或更快些。

③員工自己的工作方式對餐廳 Q·S·C·V 理念有何影響。

④員工是否意識到不按照程序或達不到標準行為會弊大於

利。

⑤員工是否意識到標準制定的範圍及其重要性。

(2)處理標準偏差的技巧

①詢問員工，他認為他的工作方式的突出優點和缺點是什麼，並且怎樣可以改進缺點。

②詳細解釋員工行為錯誤之處，切記，談論行為不是談個性。

③詢問為什麼要修改標準，速食店程序不一定最快、最方便，但一定最完美。

④如果問題產生於一台機器或工具的故障，那麼應立即進行修理。

⑤如果員工認為，修改標準後將使工作更簡單或更快速，那麼向他們解釋，這種修改將對 Q・S・C・V 造成什麼影響。

⑥解釋制定標準的原因，以及為什麼執行標準會有助於保證高水準的 Q・S・C・V。

(3)提供回饋

為好的行為提供積極回饋，為此要做到：

①簡潔。

②具體。

③經常。

④讓他人能聽懂。

⑤不能貶低他人。

對需要改進的行為提出修正性回饋，要把握：

①具體。

②用積極回饋加以平衡。

③接著提出補充的回饋。

④追蹤回饋後，如果行為沒有加以改進，用 Q‧S‧C‧V 鑑定技能。

⑤如有必要，再次訓練。

(4)人員達不到標準的四個原因

①不知道標準。

②不知未達到標準。

③不知如何去做。

④沒有動力。

(5)加強員工之間的溝通

①生產員工之間的溝通。

②品管人員與生產人員的溝通。

③生產區與服務區的溝通。

④大廳與服務區的溝通。

⑤大廳與生產區的溝通。

3.樓面經理的溝通

(1)對上級的溝通在下列情況下，需要與上級溝通：

①值班中不能解決的問題。

②值班中值得總結經驗、接受教訓的事情。

③上級下達的目標、任務有不明之處。

④有良好建議。

(2)對同級的溝通在下列情況下，需要與同級溝通：

①與前一班次的經理溝通，掌握目標，完成未盡之事。

②與接班經理溝通，交代未盡之事，需要注意事項。

③看經理留言本，間接獲取更多資訊。

④留言於經理留言本，記錄值班得到的資訊和體會。

(3)對下級的溝通

對下級的溝通，可以通過發「員工意見調查表」的方式瞭解員工的態度、看法和意見。同時，還可以在下列情況下，經常與下級保持溝通：

①交代要求、任務時。

②當其表現欠佳時。

③遇特殊事情時。

④當工作不能開展時。

⑤員工反映問題時。

4.對顧客的溝通

(1)溝通的時機

在下列情況下，需要與顧客溝通：

①當顧客投訴時。

②當顧客有抱怨時。

③當顧客有不正常表現時。

④當要獲取特殊的資訊時。

(2)如何對待顧客的要求

①在運營中，顧客可能會提出各種的額外要求。例如，顧客要求炸雞不要雞胸肉、可樂不加冰、漢堡多加番茄等額外服務。

②顧客的每一次要求，都是給顧客留下深刻印象的機會。

③給顧客一個驚喜，他們會再次光臨。

④切記，即使顧客的要求不太合理，也可適當滿足其要求，這樣可以避免永遠失去一個顧客。

(3)如何處理顧客提出的問題

①有禮貌並態度友善。

②仔細聆聽，確保自己完全明白顧客的問題。

③如果無法找到問題的答案，聯繫公司總部。

心得欄 _____

連鎖秘訣 21：施行「神秘顧客」制度

實際上，餐飲業使用神秘顧客檢測至少有 30 年歷史了，除了如肯德基、麥當勞等國際餐飲巨頭早已在國內市場應用神秘顧客檢測制度，越來越多的國內餐飲企業也開始關注並注重這一制度對企業發展的影響。

神秘顧客制度是一種非常流行的現場服務品質評估和檢測方法。據英國一家機構抽樣調查統計，在被調查的商業性公司中 88%的公司應用神秘顧客方法對自己公司、競爭對手或兩者同時進行調查。

顧名思義，神秘顧客調查由神秘顧客，通常通過聘請獨立第三方的人員擔任，如研究人員或經驗豐富的顧客，通過參與觀察的方式，到服務現場進行真實的服務體驗活動。神秘顧客針對事前擬好的調查問題，對服務現場進行觀察，製造測試性情景或問題，獲取現場服務的有關信息，包括服務環境、服務人員儀態、服務表現、人員業務素質、應急能力等。

神秘顧客制度也是肯德基保證服務人員按規定履行服務的一項重要檢查制度，同時，肯德基也能從神秘顧客檢測制度中發現現有的問題，並進一步提高服務水準。

「神秘顧客」制度是肯德基監督管理餐廳終端的重要武器。美國肯德基國際公司對於遍佈全球 60 多個國家總數 11000

多個分店的管理，也是通過「神秘顧客」的方式進行。肯德基品控部門主管人員從社會上招募一些整體素質較高但與肯德基無任何關係的人員，對他們進行專業培訓，使他們瞭解肯德基出售食品的溫度、重量、色澤及口感標準，以及服務七步曲是什麼，對每位顧客的服務時間應是多少，等等。肯德基用「神秘顧客」來監察全球各地分店的衛生清潔、產品品質、服務態度、價格合理等方面的執行情況。

肯德基通過「神秘顧客」暗訪這種方式，使得「神秘顧客」在購買商品和消費服務時，觀察到的是服務人員無意識的表現。從心理和行為學角度，人在無意識時的表現是最真實的。「神秘顧客」在消費的同時，也和其他消費者一樣，對商品和服務進行評價，發現的問題與其他消費者有同樣的感受。因此，「神秘顧客」真實地瞭解到企業員工的服務水準，彌補了管理過程中的一些不足，同時對於員工獎懲辦法也提供了依據。

「神秘顧客」在接受培訓後，開始以一般顧客的身份不定期地到各餐廳購餐，並按全世界統一的評估表要求進行打分。其調查一般包括以下內容：

(1)外部環境檢查。「神秘顧客」來到肯德基指定的服務現場，在進入門口前要觀察門店標誌、外部秩序與環境狀況、櫥窗產品擺放、促銷海報張掛等情況。

(2)服務現場掃描。當「神秘顧客」進來的時候，不管服務人員是在門口還是在櫃台，都要檢查其有沒有用眼光與顧客接觸，有沒有面帶微笑。進入服務現場，「神秘顧客」還要觀察門店內佈局與服務設施、用品配備狀況，職員和顧客的比例、服

務人員的活動以及現場是否混亂等。

(3)服務過程體驗。「神秘顧客」隨機或按照事前抽樣來到相應的餐廳購買肯德基產品，在此過程中檢查評價肯德基服務人員的服務態度、服務規範、業務熟練程度以及顧客與服務設備、顧客與服務人員以及顧客與顧客的互動過程等。

(4)業務測試。在購買產品的過程中，「神秘顧客」向服務人員提出產品使用或服務疑難等問題，或製造需要求助的情境。在此過程中檢查服務人員的服務態度、業務知識熟悉程度以及應急或靈活處理能力。

(5)現場服務改進指導。「神秘顧客」在完成調查後，將檢測結果回饋給肯德基，肯德基通知門店安排改進。

此外，「神秘顧客」計劃也是肯德基「冠軍檢測」計劃的一項，目的是要求員工從顧客的立場客觀地評估餐廳的表現，並且保密身份；如果被餐廳認出，就要退出「冠軍檢測」計劃，至少 12 個月後才能重新參加。

這些「神秘顧客」來無影，去無蹤，而且沒有時間規律，使分店經理及員工每天戰戰兢兢、如履薄冰，絲毫不敢疏忽，不折不扣地按總部的標準去做這些「神秘顧客」的檢查結果直接關係到員工及管理人員的獎金水準，因此餐廳沒有一個員工抱有僥倖心理來對付一天的工作，而是腳踏實地地做好每一項工作。

對於那些有需求的餐飲企業來說，「神秘顧客」是它們安插在各個店面的眼睛和耳朵，通過他們的觀察和傾聽，去監督現有的服務標準是否被不折不扣地加以執行。由於在檢測的時

候，更多的是依據既有的服務標準來進行評定，而這些內容都是可以由客觀的事實反映出來，因此這樣的方式在很大程度上保證了最終評估結果的客觀性，盡可能地避免了「神秘顧客」自身的評價標準對最終結果的影響。同時，「神秘顧客」在執行檢測的時候，不僅會對店內的服務依據標準進行評估，同時也會從自己的角度提出對店面的意見和評價。由於大多數消費者在不滿意的時候習慣保持沉默，而「神秘顧客」同樣也是普通的消費者，所以從他們口中所反映出來的對店面的意見和評價，也可以成為評價現有服務和顧客實際期望之間差距的工具，幫助企業不斷改變以適應消費者新的需求。

如果企業能將「神秘顧客」檢測這一制度堅持下去，經過幾年時間積累的數據就能夠建立一個龐大的數據庫，對這些數據加以分析，能夠幫助企業對市場的預估和趨勢分析方面提供實證的依據。而在檢測過程中所顯現出來的一些優秀店面的經驗可為其他店面所借鑑，檢測的結果也可成為績效考核的依據之一。現在不少的餐飲企業，例如肯德基、麥當勞以及小肥羊等，「神秘顧客」檢測的結果都直接與員工的獎金掛鉤，成為促進服務的一個利器。

連鎖秘訣 22：著重對管理人員的培訓

管理人員的培訓主要包括如下一些培訓類型，每一類培訓的培訓時機、培訓方式、培訓要領和培訓內容都不相同。

1. 工作上崗前培訓

工作上崗前培訓的主要內容有：

(1) 基本政策的培訓

①價值觀、經營理念：品質、服務、清潔、物有所值。

②公司發展方向：目前餐飲業的發展趨勢，本公司目前的地位和今後的發展方向。

③與加盟商的共事原則：總部是以多樣的性情、姿態、期待與受許人共事，堅持長期恒久、互惠互利、一榮俱榮、一損俱損、誠實守信的原則。

④企業精神：高效、嚴格、努力、忠誠。

⑤團隊意識：發揮團隊精神，統一行動。

⑥視覺識別系統。

⑦企業目標。

⑧職業道德：品德高尚、遵紀守法、剛毅堅韌、百折不撓、遵守規章、善於學習、講求原則、處事靈活。

⑨文化素質：管理學、心理學、運籌學、行銷學。

(2)**餐廳介紹**

①工作內容、工作紀律。

②福利制度。

③營業政策。

④訓練體系。

⑤工資情況。

⑥店內參觀。

2.**工作職責培訓**

(1)**見習經理**

除掌握以上內容外，還需要圍繞以下一些工作職責展開培訓：

①協助管理開店和打烊，每人間隔施行(保持 1 人守電話，1 人開、關門，應付打劫)。

②掌握產品存放時間、服務速度、產品品質、清潔的標準。

③值班時管理好現金，產品應產率、損耗量、員工工時的計算。

④瞭解並實施正確的人事制度、勞工法律、保障及安全措施。

⑤檢查半成品的進貨。

⑥值班前人員、設備、物料的準備。

⑦在工作站訓練員工。

⑧運用標準表，評估員工的工作表現。

⑨填寫存貨清單、現金記錄表，盤點及存款。

⑩每天的基本設備的檢查工作，包括溫度和時間的調校。

⑪經常與顧客訪談，瞭解他們的滿意程度。

⑫運用人際關係和溝通追蹤技巧，像對顧客那樣對待員工。

⑬值班時，追蹤增加營業額的有關程序。

⑭處理顧客投訴。

⑮能夠執行所有工作站工作程序，包括維修。

⑯在值班期間追蹤維修人員的工作。

(2) 第二副經理

除掌握以上內容外，還需圍繞以下一些工作職責展開培訓：

①面試、招聘員工、職前企業簡介。

②訓練員工訓練員，協助訓練員工組長及見習經理。

③建立餐廳人事資料檔案。

④評估員工的工作表現。

⑤製作週報表、分差報告。

⑥建立餐廳安全措施，完成安全記錄。

⑦採用正確的存款保全和檢查程序。

⑧舉辦員工活動，出員工海報。

⑨製作產品定製表。

⑩當餐廳出現意外，向保險公司索賠。

⑪計算餐廳存貨，運用補齊方式訂購食物、紙及營運物料。

⑫預算並控制指定的盈虧項目。

⑬完成每日、每週、每月的設備校準。

⑭在沒有監督的情況下，值班期間都達到 Q·S·C·V 標準。

⑮記錄並保存賬目發票。

(3)第一副經理

除掌握以上內容外,還需圍繞以下一些工作職責展開培訓:

①店長休假期間,全面主持日常事務。

②根據顧客意見、營運趨勢,制訂實施具體行動計劃。

③評價經營結果與目標的差距,評估餐廳短期及中期目標的結果。

④制定每週員工排班表。

⑤掌握員工訓練情況。

⑥執行員工保留計劃,健全人事檔案。

⑦舉行員工大會。

⑧執行員工招聘計劃,參與餐廳人力資源計劃。

⑨評估員工工作表現,採取一對一溝通方式。

⑩協助經理排班。

⑪協助召開經理會議。

⑫評估員工組長,訓練員工組長。

⑬協助訓練見習經理及第二副經理。

⑭協助評估見習經理和提供對第二副經理的評估意見。

⑮開展活動,達到目標,增加營業額。

⑯每月分析差異報告,預估差異報告,協助控制所有項目,並具體負責。

⑰完成並分析餐廳報告,制訂修正性行動計劃。

⑱保持所有時間的 Q·S·C·V 水準。

⑲制定與實施公司與全國性市場推廣活動中有關餐廳部份的內容。

⑳節約能源及資源。

㉑負責餐廳內所有設備的維修保養計劃。

(4)店長

除掌握以上內容外，還需圍繞以下一些工作職責展開培訓：

①排經理班表。

②召開經理會議。

③訓練所有經理。

④錄取員工。

⑤對經理制定目標。

⑥對經理進行績效考核、評估。

⑦制訂餐廳目標、人員發展計劃。

⑧分配經理行政組工作。

⑨制訂行銷計劃，執行促銷活動。

⑩預估月營業額，並確認所有營業額存款。

⑪對經理的行政工作定期進行考核。

⑫向上級彙報營業狀況，完成各種報告。

⑬使員工全身心投入到實現百分之百顧客滿意的工作中去，使各個層次的顧客都能獲得滿意的服務。

⑭負責餐廳的 Q・S・C・V、營業額等項目。

⑮將可控制的差異報表保持在預算之內，並分析每月差異報告。

⑯在餐廳內推行新產品及新的操作程序。

⑰確定固定資產。

⑱餐廳內人員工資的審查、人員福利及發薪等行政工作。

⑲確定餐廳的商區範圍、主要競爭對手和生意來源,並運用這些資料獲得最佳營業額。

⑳確認所有保險賠償都及時並徹底地予以執行。

3.管理技能培訓

所有的經理都要接受相應的管理技能訓練,不同的管理層次需要進行不同的管理技能訓練。見習經理接受初級管理訓練,第二副經理接受中級管理訓練,第一副經理接受高級管理訓練,店長需到國外去深造。

管理技能培訓主要採取專職方式。專職方式有專一的培訓基地,餐廳負責學員的一切訓練費用(車費、住宿費、餐費),還有補貼。訓練基地有良好的訓練教室、訓練器材和培訓師。

管理技能培訓的內容如下:

(1)管理:通過別人完成任務既是藝術也是一門技術。

(2)如何利用領導四分圖:高關心、高組織,對員工和業務都高度關心。

(3)領導方式:採取顧問式、民主式、指導式、服務式的領導,而不是專制式和放任式管理。

(4)領導者的影響力=尊重(知識、技巧)×信任(公平、公正及關心他人的程度)。

(5)瞭解員工的心理需求並作出相應決策。員工的心理需求包括:認可、自豪感、歸屬感、樂趣感。

(6)實現良好的人際關係:尊重他人、傾聽他人意見、與員工談話、讓員工成長、激發員工士氣。

(7)做走動式管理的經理,而不是坐式管理。

(8)百分之百的顧客滿意,顧客訪談和十大顧客信條及處理投訴技巧。

(9)人際關係技巧:溝通、追蹤技巧。

(10)輔導員工的技巧。

(11)降低能源與資源的消耗。

(12)降低成本、工時以及提高生產力、應產率的方法。

(13)增加營業額的技巧。

(14)樹立良好的領導風格。

(15)注意「防火」和「救火」的關係,分清優先次序。

(16)適當運用委任授權技巧。

(17)如何運用溝通、協調、合作技巧。

(18)如何利用餐廳員工有效開展工作。

(19)團隊合作、團隊領導、團隊解決問題以及運用團隊領導技巧。

4.新產品推出培訓

新產品推出培訓的目的是使大家能按標準生產新的產品。培訓部負責培訓餐廳管理人員,管理人員負責培訓員工。

培訓的內容如下:

(1)半成品的保質期。

(2)產品的用量。

(3)產品製作的時間和溫度。

(4)操作的程序。

(5)產品的保質期。

5.升遷、晉級、儲備培訓

從第二副經理升第一副經理前，經考核合格者，須進行一次脫產的中級管理培訓；要使第二副經理具備第一副經理的能力，在平時工作中，就應讓第二副經理慢慢接觸到第一副經理的工作內容，必要時代理第一副經理開展工作，以備需要時使用。為了使後備隊伍能夠晉升或作為儲備人才，在日常的經營中就需要對他們進行一些輪換崗位式的培訓。

(1)述職。開始工作前，公司把目前各人所處的崗位、要完成的任務，先告知受訓者，並指出應達到的目標、可以升遷的途徑，使其有明確的努力方向和發展方向。

(2)轉換工作。管理組之間實行崗位轉替，即這個月你負責排班，他負責訂貨；下個月你負責訓練，他負責人事。每人都掌握不同的工作技能，激發大家的工作積極性。

(3)設立「助理」職位。比如餐廳設立的人事助理、訓練助理，就是協助上司完成本行政工作，逐漸熟悉工作內容，在需要時可以擔此重任。

(4)臨時性晉升。如第一副經理必須能在店長不在時執行店長職能，在此崗位上鍛鍊、提高、激勵自己。

(5)輔導。輔導是時刻發生在身邊的訓練，也是管理人員五種職責之一。每一個管理者都應是一個合格的培訓人員，當下級出現工作偏差時，立即糾正，以提高下屬工作能力。同時，通過輔導也使自己成為一個合格的管理人員。

連鎖秘訣 23：肯德基的原料採購

原料採供管理是一個餐廳管理的重中之重，它不僅包括採購、保管、供應等管理，還包括驗收以及對供應商的管理。原料採供管理的基本職能是減少浪費、保證供應。

1. 採購依據

(1)全面準確的盤點記錄。

(2)密切注意原輔料使用進展情況，早發現，早採取措施。

(3)力求達到上級下達目標。

(4)損耗量及借調貨、缺貨情況。

(5)營業額預測。影響未來一段時間內營業額的因素包括：

①季節變化；

②雙休日、節假日及寒暑假；

③促銷活動；

④特殊大訂餐、大活動；

⑤餐廳趨勢；

⑥重要的再投資項目；

⑦新產品推出；

⑧新的競爭者；

⑨地區建設；

⑩天氣。

2. 採購原則

(1)適當的數量。

(2)適當的品質。

(3)適當的價格。

(4)適當的時間。

(5)適當的貨源。

3. 採購職能

(1)保持公司的良好形象及與供應商的良好關係。

(2)選擇和保持供貨管道。

(3)及早獲知價格變動及阻礙購買的各種變化。

(4)及時交貨。

(5)及時約見供應商並幫助完成以上內容。

(6)審查發票，重點抽查價格及其他項目與訂單不符之處。

(7)與供應商談判以解決拒絕供貨事件,闡明劣質產品之危
　　害及後果。

(8)向供應商發出由於退貨而產生的債務通知及其他後果。

(9)比價購買。

(10)制定精確的貨品標準、要求。

(11)現場追蹤半成品品質情況。

4. 採購量計算

下期訂貨量＝預估下期需要量－預估本期剩餘量＋安全存量

　　其中,「預估下期需要量」需根據預估下期營業額和各種原
輔料萬元用量(每萬元銷售額消耗的原料量)來計算;「預估本期
剩餘量」則要根據現有存貨及本期預估營業額計算出來;安全

存量就是指保留合理庫存量,一般僅為夠一天營運所需存貨量。

需要注意的是:訂貨太多將會導致貨品過期、空間太小、浪費資金等問題,訂貨太少又滿足不了經營需要。因此,需要總結經驗,認真預測訂貨量。

5. 採購月曆

採購是一件日常工作,訂貨工作安排的好壞,直接關係到餐廳的收益。因此,訂貨的計劃工作必不可少。訂貨月曆(或日曆)是實施有計劃訂貨的有效工具。參見表 23-1。

表 23-1　訂貨月曆

上月: 營業額:＿＿＿　餐廳:＿＿＿ 利潤:＿＿＿　姓名:＿＿＿		本月目標: 1.營業額　2.調貨低於 4 次 3.浪費低於 100 元		
1 三 調整萬元用量	2 四 訂貨	3 五	4 六	5 日
6 一 浪費	7 二 週報	8 三 完善訂 貨資料	9 四 訂貨	10 五
11 六	12 日	13 一 大訂貨	14 二 週報	15 三
16 四 訂貨	17 五	18 六	19 日	20 一 浪費
21 二 週報	22 三 購買訂貨文具	23 四 訂貨	24 五	25 六
26 日	27 一 浪費	28 二 週報	29 三	30 四 訂貨月報 更新盤點本

6. 萬元用量的重新計算

萬元用量,即每一萬元銷售額中各種原輔料的用量,是預估訂購下期原輔料的依據,因此,正確估計各種原輔料的萬元用量是非常重要的。然而,每一種原輔料的萬元用量並不是一成不變的,而是隨著許多因素的變化而變化。因此,每次訂貨之前,都要依據各種可能構成影響的因素,調整每一種原輔料的萬元用量。

通常,可能影響萬元用量的因素包括:

(1)存貨不足。

(2)存貨過剩(到貨前,某種貨品還有大量庫存)。

(3)產品損耗。

(4)促銷活動。

(5)季節轉換。

7. 信用審查

(1)確認你所訂的貨為預算內之物。

(2)確定你的流動資金足夠付款。

(3)使用訂貨購物方法。

(4)每一訂單完成之後,有檔備查。

(5)每當發票抵達時:

①附上供應商的送貨發票,辨認簽字真偽;②檢查送貨發票與訂貨單價格,確保一致;③檢查供應商超供及總量;④核查送貨條款;⑤核對折扣條款;⑥明確付款日期;⑦明確匯入適當分類賬目;⑧在各種適當支付欄目記錄支出情況。

另外,簽署支票前親自查核所有文件。

連鎖秘訣 24：安全管理的重要性

　　安全衛生對餐飲業來說相當重要，可以說是其生命線。作為一個國際著名的餐飲集團，創業之初就擁有一套完整的安全衛生管理措施，並且每年都在提高其安全係數。

　　雖然在日常生活中，人們採取各種各樣的措施來杜絕事故和災害的發生，但對比如水災、颱風、地震等人力無法抗拒的自然現象，人類還是顯得那樣渺小和無能為力，為此針對火災、地震、颱風、食物中毒、搶劫以及其他發生在店鋪內的事故、顧客的犯罪活動等各種情況，都制定了詳盡對策，目的在於通過公司總部和店鋪工作人員的努力將事故和災害防患於未然，並盡可能將不可抗拒的自然災害損失控制在最低限度。

　　餐廳的不安全因素相當多，如搶劫、火災、意外事故等，為此肯德基制定了一套安全管理的措施，並詳細記錄在店長隨身攜帶的小冊子上，以便進行預防及處理各種安全事故。

1. 防火

　　規定發生火災或有火災危險時，店長應該是避難工作的負責人，如果店長不當班，則由店鋪經理指揮，但必須及時與店長取得聯繫。

　　(1)火災處理方法。在平時注重做好火災預防措施的同時，也制定了一整套萬一自己店鋪發生火災時的緊急處理方法，比

如：

①發生火災時，要儘量控制火勢，在初期階段進行滅火，然後立即向店長、OC（超級經營監督管理員）、公司總部進行彙報。如果店鋪無法控制火勢，就應該立即報警，拉響店鋪的報警響鈴，並引導顧客進行避難。在報警時為了便於對方立刻將救急與火災進行區分，首先要強調是火災，然後再冷靜地將店鋪的名字、位址和火勢情況進行說明。

②如果火源來自鐵板區域。首先應該立即切除機器開關和煤氣總開關，然後確認火源的具體部位，用滅火器滅火，如果還是無法徹底控制火勢，就應該立即報警，拉響店鋪的報警響鈴，並引導顧客進行避難。

③如果火源來自油炸區域。首先確認火源的具體部位，如果是來自油鍋裏的油，那麼應該立即用蓋子將油鍋蓋實，然後切除機器開關和煤氣總開關。鍋蓋要一直蓋到油的溫度完全降下為止，如果這時火焰已經蔓延到其他地方，用滅火器滅火，如果還是無法徹底控制火勢，就應該立即報警，拉響店鋪的報警響鈴，並引導顧客進行避難。

(2)火災預防措施。雖然有一套完整的火災避難措施，但一旦自己店鋪發生火災時要保持臨場不亂、冷靜地處理現場其實是很不容易的，這就需要平時做好大量的準備和訓練工作，具有相當的熟悉程度。比如：

①時刻牢記危機管理資料的放置場所。店鋪的緊急聯絡表一般在經理辦公室和店鋪電話亭這兩個地方保管，另外對防火管理、預防維修一覽表、維修進程情況彙報等資料的保管場所，

店鋪的每位經理也都應該做到心中有數。

②時刻牢記店鋪滅火器的放置場所，並注意有效使用期限。標準規模的店鋪一般有 6 個滅火器。

③對管道內感知器的運作狀況、震動器保險絲的保管場所、篩檢程式的清掃狀況、油炸機的運作情況、煙灰缸和垃圾的管理方法等都應該非常熟悉。

④定期召開店鋪的工讀生安全管理會議，對工讀生進行安全防範知識的教育。

(3)火災避難要點。下面是店長進行火災避難工作的主要步驟：

①立刻向店鋪櫃台和廚房的工讀生發出停止接客和生產的命令，中止整個店鋪營業。

②通過電視監視螢幕初步確認店堂的顧客情況。

③一邊在店堂巡迴，再次確認顧客情況，一邊大聲將發生的危險情況向顧客說明。

④有次序地將顧客向店鋪的避難口引導，此外，還應打開男女廁所門，確認裏面是否有人。

⑤停止使用店鋪外面的樓梯，帶領顧客走平時工讀生進出時使用的裏門，並提醒大家遠離起火點，從火源的反方向離開。

⑥送走顧客後再次返回到店鋪，安慰工讀生保持冷靜，並要求一切行動聽指揮。

⑦命令廚房的鐵板、油炸區域和店堂櫃台的工讀生立即關閉總開關。

⑧命令工讀生關閉配電盤的所有開關。

⑨命令全體工讀生集合,並進行人數的確認。

⑩命令店鋪經理帶領工讀生從店鋪的裏門撤走,並提醒大家遠離起火點,從火源反方向離開。

⑪工讀生離開店鋪後對火災狀況進行確認。

⑫將收銀台裏的現金拿出來放進手提袋,並快速將其連同店鋪工作計劃、ISP 以及各種文件和軟碟等放進存有營業銷售現金的金庫保管。因為金庫是耐火的。

⑬走出店鋪,鎖上店門,並再次對火災狀況進行確認。

⑭放下店鋪的百葉門。

2.防盜搶

隨社會轉型期的到來,發生在餐廳的盜搶案日趨增多,只要是夜間有經營活動涉及現金進出的地方都有被犯罪分子瞄上的危險,同時又因為這些地方往往疏於防範,讓犯罪分子屢屢得手。從目前情況來看,這類犯罪是無法完全杜絕的,但是卻可以通過各種預防措施將犯罪和損害控制在最小限度,為此,採取了強有力的對策,制定了一整套規章制度進行預防和杜絕。所以每當過了夜間營業高峰期,店鋪週圍變得靜悄悄時,店長的腦子裏也總會回饋出「強盜」這個字眼,他會不斷地提醒自己和工讀生要時刻做好應對措施。

比如開店時,店長或店鋪經理在進店前首先應該對店鋪和停車場巡迴一週,檢查是否有異常情況、是否有可疑車輛停在那裏,因為大部份犯罪分子在作案前都會進行踩點活動;在營業中,規定除當天工讀生以外的人不許入廚房,另外在店堂或停車場如果發現有可疑情況應該立即尋機對此進行詢問。

　　至於現金的保管，要及時將現金存放於金庫，儘量減少收銀台的現金，在向銀行交錢時，店長或店鋪經理一定要親自在場，去銀行交款時一定要有幾個人同行。店鋪打烊時，要仔細檢查廁所裏是否還有人，垃圾也應該儘量早點拿出店外。另外，萬一強盜進入了店鋪，店長或店鋪經理應該保持冷靜，一邊暗中記住犯罪分子的特徵，一邊按照犯罪分子的話去做，不要違抗，一旦犯罪分子離開店鋪，應該立即確認其逃走方向，有可能的話記下汽車的牌照號碼，這時特別要注意的是自己不要去追蹤，應該立即向上司和總部進行彙報，同時請求現場目擊者將看到的事件經過寫下來，至於新聞報導方面則由總部廣告部來處理。對店鋪來說，安全管理要以對店鋪、顧客、工作人員進行保護為前提，然後圍繞這個前提積極配合地區政府、員警和消防部門開展工作。

心得欄

連鎖秘訣 25：衛生管理的必要性

如今，衛生管理已經成為餐廳的一項最重要的商品，是決定顧客是否來自己店鋪用餐的關鍵因素，因而應該引起各方面的重視。無論是一般店鋪還是連鎖店，都不能再以人手不夠為藉口或者因為自己店裏從來沒有發生過食物中毒事件而認為衛生管理與己無關。尤其是連鎖店，其中一家店鋪出了問題，就會影響整個系統，發生惡性連鎖反應。店長首先應該時刻具有一種危機感，樹立高度的衛生意識，根據自己店鋪的實際情況制定有關衛生管理操作程序和詳細方法，以此建立本店的衛生管理系統，並經常對工讀生進行教育，提高整個店鋪的衛生意識。

1.食品衛生管理

自創業以來就擁有一套完整的衛生管理措施，這幾年更是全力以赴地在這方面下工夫。每年都在提高安全係數，制定新的食品安全檢查標準，規定了必須每天實施的有關洗手、洗滌殺菌劑的使用、冷凍和冷藏箱的溫度控制以及原材料的管理等方面的 23 項檢查項目，可以概括為：

(1)食材的保存、處理和調理方法必須嚴守基準。

(2)必須對與提供商品有關的所有設備、機器進行嚴格的衛生管理。

(3)必須對調理完成後的食品進行嚴格的品質檢查。

(4)店鋪工作人員的衛生狀況與商品的製造和提供有密切關係，必須進行嚴格的衛生管理。

比如，冷藏庫的庫內溫度應該為 1℃～4℃，冷凍庫的溫度應該為－18℃～－22℃，尤其是漢堡的肉餅特別要注意，如果不在標準溫度內進行保管很容易發生食物中毒事件。而對調理完畢的肉餅，則要用消毒數碼溫度計進行測量，具體做法為：一次性燒烤大量肉餅後，將處於鐵板四週的 4 個肉餅分別移到熱盤上，然後分別用溫度計插入 1.5 釐米深處測量內部溫度，得到數據所取的平均值就是肉餅的平均內部溫度。如果在 72℃～75℃之間就說明已經符合標準；如果發現溫度偏低，就應該對鐵板的設定溫度、是否附有炭灰、計時器的設定以及原材料的狀態進行檢查。另外，因為帶殼生雞蛋經常會帶有沙門菌，在早餐提供生雞蛋時要注意雞蛋的新鮮度和進行消毒。

在食品行業，HACCP 是對食品從生產到流通、保管、烹調，最後送到顧客嘴裏的整個過程進行監督管理的系統。最初，HACCP 是指 NASA(美國國家航空航天局)在進行宇宙開發時，對火箭部件的品質管制和太空食品的衛生管理等採取的管理手法。如今，這個概念已經被擴大，泛指普及整個地球規模的食品物質流通的衛生管理手法，受到人們廣泛的注目。具體來說，HACCP 是指，對所有影響到食品的危害進行分析，決定能夠控制這些危害的場所、工程和處理方法，然後再制定出相應的基準。比如，把何時、何地、何人、因為何種目的、參照何種基準、進行了何種作業等具體的工作內容進行書面記錄，以此構

成衛生管理手法的內容。

2.店鋪衛生管理

　　肯德基店鋪的清潔是聞名世界的，不僅店堂裏窗明几淨、一塵不染，店鋪週圍也總是打掃得乾乾淨淨。

　　在店鋪，為了保證能夠向顧客提供最高品質的商品，一天的營業結束後，要對店鋪內外環境進行清掃，還要將廚房的機器設備洗淨後進行殺菌消毒，讓整個店鋪恢復到徹底清潔的狀態。如果在打烊時沒有進行徹底的清掃，機器上留有油屑、地板上留有髒物，不僅不衛生，還會因此滋生害蟲和細菌。成功的店鋪打烊工作將是第二天成功的店鋪開店工作的保證。

　　在肯德基店鋪，打烊作業與開店作業一樣，必須嚴格遵守衛生安全宗旨，根據 SOC 操作程序實施。

　　在店鋪進入打烊作業時，負責深夜保修工作的工讀生也來上班了。掛在廚房牆壁上的保修計劃對保修工作有詳細的安排，每天保修工一上班就要對計劃表進行確認，在完成每天例行的清掃後，再根據計劃表的指標進行保修作業。保修工的工作要接受第二天店鋪開店負責人的檢查。

　　店長在清掃 POS 機後開始整理現金櫃台，將現金放進金庫保管；然後回到店堂，提醒在那裏打掃櫃台的工讀生，可樂分配機的清掃要特別注意噴嘴和分配器的清洗和殺菌，又提醒正在進行軟冰淇淋機器分解的工讀生要仔細檢查一下刮刀和 O 形圈的情況。

　　因為乳製品最容易繁殖細菌，所以軟冰淇淋機器在使用後，每天都必須進行徹底的清洗和殺菌，無論是在店鋪的開店

還是打烊時，軟冰淇淋機器是廚房設備裏最費事的機器。在清洗軟冰淇淋機器時，首先必須將櫃台打掃乾淨，在那裏分解機器，將各種複雜的零件浸泡在乾淨熱水裏，用不同的刷子清洗乾淨後，再放進乾淨的桶裏，用消毒劑殺菌。經過清洗和殺菌的機器零件要放一晚上，讓其自然乾燥，在第二天一早店鋪開店時，再重新對乾燥了一晚上的零件進行殺菌消毒後才可以組裝。不僅是冰淇淋機器，對各種廚房機器的衛生管理都制定了相應的衛生管理制度，並為此花費了大量的人力和物力，這是其他餐飲公司無法相提並論的。

完成現金的清算後，店長又確認了在庫原材料和廢棄產品的情況，然後開始檢查正在進行清掃的各個崗位，還時不時地重覆一下操作要領，提醒工讀生們注意。比如，「不要忘記油炸機的內部的清掃。還有管道。」「油要過濾乾淨。」「拖把的水要經常替換，否則越拖越髒。」「冷凍箱裏有沒有整理。」「用乾淨的抹布擦。」

在進行廚房大掃除時，店堂、盥洗處、工讀生休息室等處也都有工讀生在那裏清掃。

店鋪打烊時，要特別注意廁所的打掃，因為每天有大量的人使用，它是最容易髒的地方。另外要對手紙和洗手液進行補充，將髒物收集箱清理乾淨，最後還要檢查一下下水道是否有堵塞現象。

清掃作業在店長的指揮下順利地進行，大約在 23：50 左右，負責打烊作業的工讀生經理過來彙報全部作業都已經完成，請求店長檢查。聽了彙報後的店長開始對各個崗位的工作

品質進行最後檢查。對作業完全合格的工讀生給予表揚，對不合格的工讀生則責令其馬上糾正。

3.服務人員衛生管理

至於店鋪工作人員的清潔衛生，洗手是非常重要的，每隔30分鐘或1個小時就要按規定洗一次手，特別是在上廁所後必須洗兩次手（一次是上完廁所後，另一次是回到工作崗位時），並且對洗手設備和備品要進行經常性的檢查，如盥洗處和廚房的排水設備、洗滌劑、刷子的清潔程度等。細菌是無孔不入的，頭髮、工作服以及圍裙等都有可能被污染，因此店鋪在加強制定各種衛生制度的同時，教育每位工作人員養成衛生習慣也是非常重要的。

心得欄 ------------------------

連鎖秘訣 26：肯德基的靈活選址

在開連鎖店的初期，分店選擇店址十分謹慎和挑剔。

在選址問題上，肯德基有一本厚達千頁的規範手冊作爲指導，一切都程序化。廣泛而詳盡的店址決策系統，有包括人口統計數據庫和以人口統計爲基礎的專業行銷研究機構的決策支持。借助此系統能對目標店址方圓 8～11 公里範圍內的消費群和競爭態勢作出透徹分析，充分保證了商鋪選址上的萬無一失。

1. 選址有原則

選址的基本原則是盡可能方便顧客的光臨。選址精確到「米」，方法有「數燈泡」、「步量」等，儘量讓人們在最需要時容易找到店鋪。

(1) 方便顧客

在美國，公司除了在傳統的區域和郊區建立餐廳之外，還在食品商場、醫院、大學、大型的購物中心（沃爾瑪、家庭倉儲店）建立分店；在美國之外，首先在中心城市建立肯德基餐廳，然後再在中心城市之外輻射出網點。

顧客來就餐的決定，其中 70%是一時衝動，所以選擇的餐廳地點盡可能方便顧客的光臨。選擇一個成熟的地區、成熟的市場、成熟的商圈進行成熟的商鋪行銷，是肯德基成功的基本法則。

(2)謹愼

分店一般都在人口密集的路口處，而且兩個分店之間距離適中，不會爭搶客源。據說有的餐飲連鎖店已經不需要花人力物力去找新的店址了，只要看肯德基在那裏開店，把自己的分店開在附近就可以了。

選址從不片面追求網點數量的擴張，而是經過嚴格的調查與店址評估。

在選址開店地點上頗費心思，慎之又慎，前期都要經過很長時間的市場調查。通常一個店是否開業需要經過 3～6 個月的考察，考察的問題極爲細緻，甚至涉及店址是否與城市規劃發展相符合，是否會出現市政動遷和週邊動遷，是否會進入城市規劃紅線。進入紅線堅決不碰，老舊商圈內堅決不設點。

正因爲選址的眼光敏銳，所以失敗率很低，這不僅保證了生意興隆，而且使得別的商家對他們產生了信心。

2.按部就班的店鋪選址

第二次世界大戰結束後，美國的中小城鎮逐漸崛起，原有城市又不斷向郊區擴展。鄰近其間，工業區、住宅區及購物中心也大量出現，加之高速公路網狀化的擴大，立即認識到這些地區的人口將會大大增加，對需求也將增加，是開店的首選之處。

每開一家店都會經過精打細算，進行嚴格的市場調查，三思而後行。

(1)市場調查和資料資訊收集

往往在計劃進入某城市之前，就先通過有關部門或專業調

查公司收集這個地區的資料，包括人口、經濟水準、消費能力、發展規模和潛力、收入水準以及前期研究商圈的等級和發展機會及成長空間等。

(2)對不同商圈中的物業進行評估

包括人流測試、顧客能力對比、店址可見度和方便性的考量等，以得到最佳的位置和合理選擇。在瞭解市場價格、面積劃分、工程物業配套條件及權屬性質等方面的基礎上進行營業額預估和財務分析，最終確定該位置是否適宜開設一家餐廳。

(3)投資回報與風險評估

商鋪的投資是一個既有風險、又能夠帶來較高回報的決策，應更多地關注市場定位和價格水準。既考慮投資回報的水準，也注重中長期的穩定收入，這樣才能較好地控制風險，達到投資收益的目的。

對餐廳而言，地址的重要性不可低估。選址的決策過程複雜，成本高，一旦選定不易變動，同時位址特點對餐廳的經營影響較大。一般來說，如果餐廳位置好，即使經營者能力一般，也容易獲得成功；如果選址不佳，經營者再有能力也往往難以彌補這一缺陷。

餐廳設定了其商圈的大小之後，就必須確定店址所在的區域及其具體的位置。不同的商圈、不同的餐廳需要不同的店址。餐廳只有在綜合評價其店址區域的人流、車流、交通條件、競爭店情況以及停車設施等制約因素後，才能最終選擇店址。

1.人流

人流是影響店址確定的最重要的因素。人流包括現有人流

和潛在人流，餐廳選擇開設地點總是力圖處在潛在人流最多、最集中的地點，以使多數人就近消費，但人流規模大，並不總是帶來相應的優勢，應作具體分析。

(1)人流類型

一般人流分為三種類型：

①自身人流。是指那些專門為消費來店的顧客所形成的人流，這是餐廳人流的基礎、是餐廳銷售收入的主要來源。因此，新設餐廳在選址時，應重點評估自身人流的大小及發展規模。

②分享人流。是指一家餐廳從鄰近餐廳形成的人流中獲得的人流。這種分享人流往往產生於經營相互補充餐飲種類的餐廳之間，或大餐廳與小餐廳之間。如經營某類餐廳的補充餐飲的餐廳，在顧客消費了某類餐飲後，就會順便到鄰近補充餐飲的餐廳去進一步消費；又如鄰近大型餐廳的小餐廳，會吸引一部份專程到大餐廳消費的顧客順便到毗鄰的小餐廳來消費。不少小餐廳依大餐廳而設，就是利用這種分享人流。

③派生人流。是指那些順路進餐廳的顧客所形成的人流，這些顧客並非專門來店消費。在一些旅遊點、交通樞紐、公共場所附近設立的餐廳主要利用的就是派生人流。

(2)街道兩側的人流規模

同樣一條街道，兩側的人流規模在很多情況下，由於交通條件、光照條件、公共場所設施等影響而有所差異。另外，人們騎車、步行或駕駛汽車都是靠右行，往往習慣光顧行駛方向右側的餐廳。鑑於此，開設地點應盡可能選擇在人流較多的街道一側。

(3) 街道特點

選擇餐廳開設地點還要分析街道特點與人流規模的關係。交叉路口人流集中，能見度高，是最佳開設地點。有些街道由於兩端的交通條件不同或通向地區不同，人流主要來自街道一端，表現為一端人流集中、縱深處逐漸減少的特徵，這時候店址宜設在人流集中的一端；還有些街道，中間地段人流規模大於兩端，相應地，店址設置在中間地段就更能招攬潛在顧客。

(4) 計算人流要點

由於每個走過該地點的人，並不都必然成為各類餐廳的顧客，因此餐廳應有選擇地使用計數方法，如只對手提購物袋的男士和女士計數。否則，客流統計總數中可能包含過多的非消費者。合理計算客流量應包含以下四個要點：

①按年齡和性別分開計數（給定年齡以下的兒童不應計入）。

②按時段分別計數（這有助於分析客流高峰、低谷，以及隨時間推移往來行人在性別上的變化）。

③行人訪談（這可使分析者發現潛在研究的比例）。

④消費現場分析（這可使觀察者確認顧客實際光顧的餐廳）。

2. 車流

車流數量及特徵的因素對店址的確定也是相當重要的，特別是那些想吸引驅車消費顧客的餐廳。開在郊區、購物中心的餐廳就是依賴於車流量的幾個例子。

與對人流的分析一樣，車流分析也應對車流的粗略計數作

出調整。例如，有些餐廳只統計開回本地的車流。除計算車流量外，餐廳還應研究交通堵塞(由於道路迂回、狹窄和路況不好等引起)的程度和時間。開車的顧客往往避開交通堵塞嚴重的地區，轉到開車時間最少、難度最小的地方消費。

3.交通情況

交通情況是影響店址選擇的一個重要因素，它決定了餐廳經營的順利開展和顧客消費行爲的順利實現。對餐廳交通情況的評價主要有大眾交通的可獲性、是否接近主要的高速公路及送貨運輸是否便利等。

在鬧市區，靠近公共交通線很重要，特別是對那些自己沒有汽車，要靠公共交通工具去那裏上班的顧客，或是那些不願開車到交通擁擠而停車場地又有限的地點消費的顧客。凡是不準備設服務性交通車的餐廳，都必須調查是否可以利用公共汽車、計程車、地鐵、火車或其他公共交通工具到達該餐廳。大多數鬧市區的餐飲區都位於公共交通樞紐的中心，這使來自全市各處的顧客均能方便地前往消費。

依賴車流量的餐廳位置應根據其是否接近重要的高速路來評價。驅車時間是許多人考慮的一個重要因素，此外，在公路上向東行駛的人通常不喜歡作 U 形拐彎向西到公路旁的餐廳消費。

此外，還應分析交通網承受向餐廳送貨卡車進出的能力。許多道路對於顧客往來是極便利的，但卻禁止大型卡車通行或不能承載卡車的重量。

4.競爭餐廳情況

餐廳週圍的競爭情況對餐廳經營的成敗產生巨大影響，因此，選擇餐廳開設的地點時必須要分析競爭對手。一般來說，在開設地點附近如果競爭對手眾多，餐廳經營獨具特色，將會吸引大量的客流，促進銷售增長，增強店譽，否則與競爭對手相鄰而設，將難以獲得發展。

對競爭餐廳評價的內容有：那裏有多少餐廳？各店規模有多大？餐廳的數量和規模應當與所選位置的類型相一致。例如，對孤立商店感興趣的餐廳，希望附近沒有其他商店；對鄰里商業區感興趣的餐廳,希望坐落在一個有 10～15 家小餐廳的區域內；而對區域購物中心感興趣的餐廳，則希望找一個有 50 家以上的餐廳，並至少包括一兩家大型骨幹餐廳(以獲得客流)的地方。

在分析餐廳位置和店址時，應當衡量自己與相鄰或附近餐廳的相容性。如果在既定位置(在一個非計劃的商業區域規劃的購物中心內)的各個餐廳具有互補性，相容並能相互合作，那麼，每家餐廳都將因其他餐廳的存在而獲益，即存在親和力。親和力大、客流量高，則每家餐廳的銷售額就會比它們彼此分散時更高。衡量餐廳相容性的尺度之一是各餐廳顧客互換的程度。

5.具體店址

具體店址的確定要考慮餐廳的可見度、方位、場地形狀大小以及建築物的情況等。

(1)可見度。可見度是指該位置能被來往行人和車輛看到的

程度。位於小巷或購物中心盡頭的餐廳，可見度就不如位於主要公路或美食城入口處的餐廳。良好的可見度能使過路人知曉一家餐廳的存在，以及營業狀況。而且，一些人是不願去小巷深處或美食城盡頭消費的。

(2)方位。方位是指該餐廳在商業區或美食城內的相對位置。拐角的位置可能是很理想的，因為它位於兩條街道的交叉處，具有「街角效應」。它具有以下優勢：兩條街道的客流和車流彙集於此，從而有更多的行人和車輛通過；櫥窗陳列的面積增加；通過兩個或多個入口，能夠緩解人流的擁擠程度。位於高客流量的位置，街角效應是最大的。

(3)場地形狀大小。綜合餐廳比特色餐廳需要更大的場地；綜合餐廳可能需要一塊方形場地，而特色餐廳則可能需要一塊長方形場地。考察任何一處餐廳應以需要的總面積為依據，包括停車場、步行道、賣場、非銷售區等。

(4)建築物的情況。當餐廳購買或租下一座現成的建築物時，須考察其大小和形狀。此外，還應調查場地和建築物的狀況及已使用年限，然後，對照公司的需要來衡量這些特性。

心得欄

連鎖秘訣 27：只出售最完美的食品

　　肯德基餐廳交給顧客的食品都是標準一致的，餐廳對售出的食品品質有嚴格的規定。

　　飲料的甜度一定要達到規定的標準：可樂的甜度應為11.5%，芬達應為 13%。碳酸壓力第一次壓為每平方英寸 140 磅，第二次壓為 80 磅，糖漿為 50 磅。

　　糖漿與水的比例為 1：4.4。在溫度上也有嚴格的規定，可樂和芬達汽水在常溫下為 75℃，在銷售給顧客時碳酸會損失4%，此時溫度應為 4.4℃。

　　工作人員說：「我們的品質管制確實相當嚴格。從一粒冰塊的大小、形狀，到放入紙杯和持杯的方式以及倒入飲料的方法，都一一有明確的規定，以保證最高的品質和效果。」

1. 用機械代替廚師

　　V 型薯條鏟是一個有趣而又實用的發明。而 V 型薯條鏟是怎樣誕生的呢？

　　在賣薯條時，服務員發現那些用來裝袋的薯條夾子太不順手了，有時夾多，有時夾少，顧客多有怨言。馬丁諾知道以後，就專門派了一位工程師去解決這一問題。

　　實際上，服務員對裝袋分量的把握，即便是技術熟練的員工，每袋也會產生一定的差異，而技術不熟練的生手，就更難

保證每袋分量的相同了。此外如果薯條裝少了，必然會引起顧客的反感。

為此，公司研製發明一種標準化裝袋量具——寬口勺。用這種勺裝袋，任何人都能輕而易舉地裝得一樣多，大大提高了裝袋分量的精確度，不僅避免了浪費，而且還會給人一種似乎每袋都稍微多裝了一些的感覺。

為了保證高標準的食品品質，公司通過技術轉移來確保食品和其他產品符合嚴格的品質標準。並使用標準化設備，採用機械化的操作保證產品品質統一。

在肯德基，都是只有服務員，沒有廚師，因為廚師都被機械替代了，這就大大降低了人力資源成本，保證食品品質穩定統一，而且極大地提高了食品生產速度。廚房與櫃台之間是一排機器，包括飲料機、雪糕機等，由專門的公司為其提供。

經過精心設計的標準廚房也永遠在重覆著同樣的生產程序，就像一家高度自動化的工廠。

烤麵包機上下各 12 片麵包，共 24 片麵包，在 55 秒鐘內烤制完成。規定的時間一到服務員便將麵包盤端出廚房，上面淋上芥末汁與番茄醬，再加上 2 片酸黃瓜。而添加芥末汁與番茄醬的則是一個針管狀器物。

煎爐每次可煎兩排肉餅，每排 6 塊，共 12 塊。肉餅一放上煎爐，計時器便開始工作。20 秒後發出第一次鳴叫，提示操作員立即用壓肉錘重重地壓肉，讓肉汁均勻滲透，肉色更加誘人。當計時器發出第二次鳴叫時，操作員必須把肉餅翻一個身。1分 45 秒後，計時器發出第三次鳴響，表示肉餅可以起鍋了。起

鍋的方式也是標準化的：操作員用規定的鍋鏟，每次鏟出兩片，放在事先調製好的麵包上，然後把保存在保溫箱的麵包蓋在上面。

所有的操作都是標準的，有計時器和溫度計在指揮。在這個操作過程中，任何個人的判斷力和經驗都是多餘的。

完全標準化的生產過程和完全標準化的食品給顧客帶來的是無限的信賴感和安全感。總之，在生產和銷售的每個細節上都做過充分的考慮，帶給顧客的感覺是機器和人在通力合作，以確保高品質。

2. 美味來自高品質的素材

在連鎖店開店之初，炸薯條的品質最不易控制，有時候黃澄、香脆，有時候又油膩、鬆軟。

在 20 世紀 50 年代末期，炸薯條已經成為連鎖店中最重要的產品，他們想讓這種產品「完美無缺」。這時，做到使炸薯條的品質達到完全一致，唯一的辦法就是要使炸薯條的炸制過程完全自動化。

有一位從事研究薯條炸制方法的人，創建一個專門的實驗室，並興致勃勃地開始了工作。他用一個電動探測器來測試油鍋裏的熱油何時能夠上升 3℃，問題是，「3℃」這個數據卻是他花了一年時間、做過無數次的試驗而得出來的。

後來人們把這一發明，戲稱為「炸薯條電腦」，發明人進而把它與油鍋具組合，研製成了自動烹調器。很快所有的餐廳都開始用上了這種自動烹調器，在薯條炸熟時，它會自動鳴叫，從根本上解決了炸薯條以及其他油炸製品品質不一致的問題。

肯德基在食品的品質上下足了工夫，還在食品的種類等方面做了很多的文章。可以說，其美味來自於高品質的素材和徹底的烹調管理。

連鎖秘訣 28：讓公司永不落後的情報資訊管理

俗話說：「知己知彼，百戰不殆」，今天的飲食業競爭已經趨向白熱化，在這種嚴峻形勢下如何保持自己店鋪的優勢，拉開與其他競爭者的差距顯得非常重要。

1. 情報收集──每月到競爭店報到

店鋪負責人對商圈週圍狀況必須保持敏感，通過時刻關注競爭店鋪的商品品質、服務品質、衛生環境以及促銷活動等各方面的情況來掌握競爭主動權，維持自己店鋪的不敗地位。

肯德基的店長平均以一個月一次的頻率去週圍的競爭店鋪「報到」，以在那裏用餐的形式收集各種情報。

(1)店長收集那些情報

這天店長又利用中午的休息時間走進了離自己店鋪 500 米遠的速食店。

店長站在櫃台前，觀察著店鋪的菜單照明標示牌、附有相片的菜單標示牌以及店內的促銷宣傳牌等，不動聲色地對是否有新商品、商品的價格是否有變化等情況進行了確認，然後要了一份該店的促銷商品，選了一個能夠清楚看到廚房裏面的位

子坐下。

用餐時，店長先將漢堡掰開，在對肉餅、生菜、調味汁和麵包的形狀和顏色進行了確認後開始吃起來，一邊品嘗著味道，一邊觀察著店內的地面、桌椅、牆壁、天花板、照明、裝飾物等的清潔程度，以及廚房內的作業情況、工讀生人數及人員安排，最後又大致對店堂的顧客數進行了確認，默默推算出該店的銷售額。

用完餐走出速食店後，店長得出的結論是：這家速食店除了促銷活動以外，與上個月相比基本沒有什麼新的東西。另外，店鋪 Q.S.C 水準應該定為 C 等級，而店鋪經理的管理水準則要更低一點，至於銷售額，感覺要比上個月稍微高一點……

「偵察」完畢的店長繞自己店鋪內外轉了一圈後，靜坐下來，開始仔細記錄剛才收集到的情報，店長一邊將競爭店鋪與自己店鋪進行比較，一邊在考慮採取什麼措施可以將對方完全打敗。「勝者為王，敗者為寇」是肯德基店長堅信的商業哲理。

(2)如何處理收集的情報

在肯德基店鋪的專門文件夾裏，有一張用各種顏色作著標記的商圈競爭店鋪地圖和一份完整的競爭店鋪資料，資料內容主要包括店名、地址、電話號碼、營業時間、休息日、店鋪面積、客席數、停車場面積、店鋪的外觀印象、推測銷售額、推測顧客數、商品的種類和價格以及店鋪的總部情況等等。

店長每次「偵察」完畢後，都會將收集到的競爭店鋪資料匯總後放進專門文件夾中進行保管。

除了競爭對手外，肯德基還收集和保存自己店鋪所處商圈

的一切情報，例如：

①商圈中有那些競爭店鋪？

②主要賣些什麼商品？

③最近是否有新店鋪開張？

④商圈共有多少人口？

⑤生活水準如何？

⑥那裏是人口最集中的地方？

⑦最近將有什麼新建築物出現？

⑧何時何地舉行何種集會？

然後在仔細分析這些資料的基礎上，每 6 個月制定一次計劃。根據商圈的實際情況策劃切實有效的促銷活動。

2.資訊管理──POS＋ISP 系統

爲了進一步提高服務速度，肯德基餐廳現在統一安裝了店頭銷售系統。

(1) POS 系統

店頭銷售系統，亦稱自動收銀系統(POS)，這個系統的優點是能夠縮短顧客的等候時間，促進人力的有效合理使用，而且能夠及時分析銷售狀況。

自從使用這個系統之後，將供應每名顧客的時間從標準的一分鐘縮短到 32 秒，由於自動收銀機的體積小於過去使用的機械收銀機，平均每個櫃台可以增加兩個視窗。這不僅使銷售額有可能增加兩倍以上，還可以從它的終端上每小時列印出一份銷售量報告。

這份報告記載有每種食品在一天的各個時段以及整天的銷

售額，能計算出這些銷售額與總銷售額的比例，圖表的下端還能顯示出一列生產系統分析表。

負責廚房生產的管理人員只需每個小時到終端機前取得這份分析表格，就能以上面的數據爲依據安排後面一個小時的各種食品生產數量。使用這個系統以後，便可以利用「最新鮮」的資料提供「最新鮮」的食品。

POS 系統的優點是：

· 減輕店鋪報告工作的負擔；

· 加強各方面情報的交流；

· 促進工資發放的自動化；

· 縮短店鋪打烊業務的時間；

……

通過 POS 系統，可以看到各個商品的號碼、賣出個數、賣出金額、餐廳來客數、顧客單價、各個時段的銷售額、營業額構成比例、主要食品在庫數、廢棄商品的比率，以及水電費、雜費和工讀生的平均人工費、平均創收等資料。

通過 POS 系統可以及時發現和堵塞經營上的漏洞，對開展經營改革起到很大的作用。

(2) ISP 系統

ISP(In Strore proeessor)被稱爲「店鋪資訊處理機」，是 20 世紀 80 年代後期由日本開發的店鋪系統軟體，20 世紀 90 年代開始全面引入店內。

ISP 電腦被放置在經理辦公室裏，其功能全面應用於店鋪的日常事務和營業管理等各個領域，作爲主電腦的終端處理裝

置起著較大的作用。

　　管理店鋪現金收支的 POS 收銀記錄系統是與 ISP 相連接的，一旦記錄系統進入線上後，公司總部能夠迅速得到店鋪在各個時間段的各種商品的售賣情報，從而通過製作損益計算表（P/L 表）計算出該店的盈虧狀況。而店鋪也能夠及時通過 ISP 迅速向本部寫報告，並錄入軟碟保存，以便日後查考。

　　以前，餐廳的很多複雜報表因爲人工作業經常被一而再、再而三地修改，對店長和經理們來說，那時的店鋪事務作業實在是件既花時間又費精力的艱苦作業。

　　但是引進了 ISP 系統後，一切都變得方便起來了，只要輕輕地敲幾下鍵盤，電腦就會在短短的幾秒鐘內提供所需要的情報，減輕負擔，提高了工作效率，減少了作業差錯，更重要的是大大增強了總部和店鋪的資訊交流，提高了經營決策力。

　　如今的 OC（超級經營監督管理員）可以通過自己隨身攜帶的筆記本電腦迅速瞭解各店鋪的情況，及時與店長進行交流，在店鋪經營監督方面大顯身手。

心得欄

連鎖秘訣 29：熱情好客的迎賓員

　　店面永遠是促銷的最前線，人員促銷是指營業人員以談話的方式向目標客戶對產品進行介紹、推廣、宣傳與銷售，是與消費者面對面的口頭洽談交易的一種促銷方式。

　　肯德基設立專門的迎賓員負責店內和店外社區的促銷活動，通過一系列的促銷活動提高單店營業額、品質形象、服務形象和全球形象。

　　肯德基認為優秀的迎賓人員應該：

· 適時、親切地招呼客人。

· 介紹商品時眼睛要看對方。

· 客人試用後，要誠懇詢問意見。

· 介紹商品特點要簡明扼要。

· 客人想買時，要適當指引。

· 客人不試用，也要說「謝謝」。

· 對於小孩同樣也要殷勤，因為小孩的意見有時會是成交的關鍵。

· 一大堆人圍過來時，要有順序、有條理地處理，切莫張惶失措。

· 不可影響到賣場的營業。

　　迎賓員是開展促銷活動的主力，也是直接責任人，是餐廳

肩負接待顧客、開展各種市場活動重任的工讀生。迎賓員由 A
級工讀生經過考核合格後提升上來，具有與工讀生訓練員相同
的等級。

迎賓員是餐廳經營必不可少的崗位，餐廳在各個營業時間
段至少要保證有一名迎賓員。

1. 迎賓員很重要

迎賓員的工作成績直接影響餐廳的銷售額，通過迎賓員的
努力可以最大限度地挖掘顧客來源，使原本不知道或沒有來就
餐過的人也能夠成為顧客。

(1)通過迎賓員的親切服務，提高顧客的來店次數，從而提
高店鋪的銷售額。

(2)通過顧客的口頭宣傳招攬新顧客，從而增加顧客總數，
提高店鋪的銷售額。

(3)隨著店鋪規模的大型化和菜單的多樣化,週全和親切的
店堂服務已變得非常必要，迎賓員的存在因此也就顯得舉足輕
重。

(4)迎賓員的工作成績與店鋪的營業銷售額成正比。

2. 如何選擇適合的迎賓員

迎賓員是眾多員工嚮往的職位，但是因為工作內容的特殊
性決定了職位人選的範圍有很大限制，事實上也經常會出現其
他崗位的優秀員工無法勝任迎賓工作的情況。

出色的迎賓員首先應該具備以下條件：

· 社交能力較強,希望通過自己的工作來積極推銷肯德基。

· 責任感較強，面對各種情況都能採取正面的積極進取的

處理方式。

· 性格開朗，喜歡與人交往，熱愛服務工作。

· 親和力強，有一定的協調能力。

3. 迎賓員工作成功的關鍵

迎賓員必須與店長、店鋪經理保持良好的人際關係，這是工作成功的關鍵。在日常工作中，迎賓員與店長、店鋪經理一起召開店鋪工讀生會議，一起實施提高工讀生積極性的各種活動。

(1)迎賓員在實施各種活動之前，必須取得店長、店鋪經理的批准。

(2)迎賓員在活動策劃階段，必須向店長、店鋪經理進行彙報，聽取建議。

(3)迎賓員領取各種活動經費必須事先取得店長、店鋪經理的同意。

(4)迎賓員必須加強與店長、店鋪經理以及工讀生的交流，建立相互之間的信任關係。

4. 迎賓員的工作內容

迎賓員主要負責店堂的接待工作，對所有來店的顧客，不分男女老少都要親切接待，保證顧客擁有輕鬆愉快的用餐氣氛。其工作的主要內容有：

(1)作爲店堂服務員接待顧客。

(2)解決顧客提出的問題。

(3)對客席進行合理安排，保證顧客的順利用餐。

(4)時刻注意店鋪的環境，維持店鋪的清潔衛生。

負責店內的促銷活動是迎賓員的第二項工作內容，通過店內的各種促銷活動，例如舉辦生日宴會和店鋪參觀等活動增加固定顧客，提高店鋪的銷售額。通過參加所在區域的各種活動，取得週圍群眾的好感，提高來店的顧客數。

5.對迎賓員的工作要求

要照顧好來店用餐的每一位顧客。在顧客提出問題之前，先發現問題點，並及時進行妥善解決。細心觀察，及時發現和滿足顧客的需求。在店堂內進行情報的收集。對店鋪的月銷售額和日銷售額的目標做到心中有數。

對工作認真負責，做到有始有終。

通過參加所在區域大學和企業的各種慶祝活動，開展店外促銷活動。

以店鋪的工作計劃為前提來安排自己的工作。

心得欄 _
_ _
_ _
_ _
_ _
_ _

連鎖秘訣 30：同心協力撐好船

去過肯德基你肯定有這樣的經歷，在排隊的時候，前面沒有了排隊顧客的收款台的店員會主動招呼顧客：「排隊這邊請！」

如果看到在清潔店面的人胸牌上寫的是「店長×××」，你也不必感到奇怪，因為肯德基的文化中有一條就是要求員工在不忙的時候主動幫助他人。

在肯德基，所有的員工都會相互幫助，所以其工作效率非常高，同時也營造出互助的友好工作氣氛。

1.分工坐鎮，相互協作

進入營業高峰期的店鋪，客流量很大，店長要兼顧店堂和廚房兩邊的指揮工作是比較困難的，為了提高店鋪的運作能力，店長決定與工讀生經理分頭坐鎮。

工讀生經理確認了一下工作日程表，對廚房作業人員的情況有個大致瞭解後，進入了廚房。他首先檢查營業高峰期之前準備的原材料情況，然後開始對已經各就各位的工讀生宣佈生產任務。

在肯德基，這是經常發生的一幕。相互幫助的規則實現了群體的利益，同時實現了群體中每個個體的利益，無論那個收款台的店員都不必擔心顧客都到自己的台前排隊而整天有忙不

完的工作。

(1)各個崗位的工作內容

肯德基餐廳每個崗位的具體工作內容如下：

接收點菜的工讀生：與來店的顧客打招呼，詢問點菜內容，進行商品推薦，計算並告訴顧客商品金額，引導汽車向前開到第一個視窗的位置。

籌備所需商品的工讀生：製作水果奶油冰淇淋及軟冰淇淋之類的食品，並根據點菜單正確地收集所需的商品，將餐巾紙等附加品放進包裝紙袋後，進行兩層折疊，並通知傳遞商品的工讀生。

配備飲料的工讀生：配備飲料，並將飲料和籌備好的商品放在一起。

出納員：與顧客打招呼，告訴商品金額後收錢找零，感謝顧客。

傳遞商品的工讀生：再度與顧客打招呼，遞交商品，感謝顧客並歡迎其再次光臨。

雖然肯德基餐廳有以上 5 個崗位的分工，但在日常實際操作中經常會出現讓一個人同時兼顧多項作業的情況。為了隨機應變地安排工讀生，保證餐廳服務流程的順利進行，肯德基會對在那裏作業的每一位工讀生都進行各項工作內容的訓練。

(2)機動的迎賓員

店堂越來越熱鬧，店長見那裏的工讀生快忙得應付不過來了，於是就安排在店堂裏接客的迎賓員過去收銀台幫忙，店堂櫃台收銀處的另一位工讀生則過去負責所需商品的籌備工作，

還告訴正在向顧客遞交商品的工讀生訓練員也抽空一起籌備商品。

迎賓員與工讀生訓練員處於同等級別，其主要工作內容包括：店堂的接客工作和店內的促銷活動；負責舉行店內的特殊活動，如爲顧客舉辦生日慶祝宴會等；在店外進行促銷活動，開展與週圍居民的交流活動等，範圍較廣。

在一般情況下，迎賓員主要負責店內、店外顧客的接待和交流工作，但一旦店鋪進入營業高峰期，就變成了機動力量。

2.辛勤的「船長」

店長作爲店鋪的經營管理者，不僅是整個店鋪活動、運營的負責人，還是店鋪的靈魂，發揮著火車頭的作用，在整個經營和管理中起著承上啓下的作用。

店長就像一個辛勤的船長，指揮所有的船員進行有條不紊的運作，保證航行的正常運行。店長的當班，有早班和晚班之分，店長會根據當天店鋪的實際情況來決定自己是上早班還是晚班。

(1)餐廳開張前店長應做的準備

每天早上的店鋪開店工作是非常重要的，它的成功與否會直接影響到店鋪一天的生意，因此對於經驗豐富的店長來說，安排充裕的店鋪開店時間是理所當然的。

①制定當天的營業銷售目標。

在開店前，店長應該先制定當天的營業銷售目標，對每個時間段的客流量做到心中有數。對整個餐廳來說，早餐的銷售額要佔全天的 8%，因此如何設法讓顧客儘快地吃完早餐，加快

週轉率是店鋪面臨的一大課題。

②檢查原材料庫存狀況。

店長首先到倉庫去看看，仔細檢查紙杯、紙杯蓋的種類、數量，以及顧客外帶的盒子、紙袋等消耗品的庫存情況。還要檢查那些常溫保存下的罐頭、乾貨等的保管狀態，同時還要對當天的原材料庫存量進行確認。

另外，對倉庫所有物品的擺放位置進行檢查，看是否符合倉庫保管的相關規定，庫存量登記是否清楚準確，倉庫裏面是否和店裏一樣保持清潔乾淨。

③細緻的衛生檢查。

店長先走向盥洗處，一邊洗著手，一邊環視四週，對洗臉池是否已經擦亮、刷子有沒有洗乾淨、洗手液有沒有放足等各種細微地方進行檢查。

店長洗完手後走進廚房。首先檢查廚房內的地板瓷磚、牆壁、各種機器設備的底部及水箱，看有沒有打掃乾淨。

然後對餐廳的地板、柱子、窗玻璃、大門和天窗進行檢查，還要檢查通往二樓的樓梯、垃圾箱、桌子、觀賞植物、POP 和裝飾畫等。

最後檢查的是衛生間、冷凍冷藏庫和各種台架等的週邊環境。結束店內檢查後，還要到店外察看，例如看餐廳外的看板有沒有被風雨弄髒，廣告橫幅和店旗有沒有破損，字是否看得清楚等等。

④各種設備狀態的確認。

開店時間快到了，店長必須根據餐廳的開店程序，對各種

設備進行逐項檢查確認。

店長對冰淇淋機進行檢查之後，會來到果汁桶邊對果汁進行檢查。果汁桶裏的果汁過多或過少，做出來的軟冰淇淋就會過硬或過軟，因此果汁的量必須恰到好處。

接下來檢查的是保險箱。清點好上一天的營業額，再把早餐時段的找零備用金準備好，在銀行單上填寫好存入銀行的現金金額，以便銀行的工作人員隨時來提款。然後，店長將零錢分發到各個收銀台。

接著，店長又開始對各種飲料進行品嘗，檢驗可樂、橙汁、雪碧、咖啡和熱巧克力等是否符合標準，溫度、甜度、味道以及機器的設定標準和人的味覺是否一致等。

(2)營業高峰期的人員調配

「對，做得不錯！」「很好，一邊微笑一邊招呼顧客！」嚴厲的店長會在適當的時候表揚工作出色的員工。

這時，店長看到負責制作軟冰淇淋的工讀生突然向櫃台外衝出去，店長立即阻止了他。原來這位員工看到顧客跌落了託盤，食品飲料灑了一地，他想過去幫顧客一把。店長馬上招呼迎賓員過去處理，而他則走到冰淇淋機旁邊，教育這位工讀生不能隨便離開工作崗位，同時也表揚了他對顧客的高度注意力。

當營業高峰期來臨時，店長開始對餐廳全局進行控制，就像一個戰場上的指揮員一樣，擁有絕對的統率能力，根據餐廳的各種情況不斷進行生產指令、崗位調整和作業糾正等，以督促餐廳維持最好成績的應戰狀態。

店長總是一會兒觀察店堂櫃台處的顧客流動，一會兒抬頭

確認電視監視螢幕，一會兒走到廚房調節工讀生的操作進度，一會兒又在店堂糾正工讀生的接客動作……

在營業高峰期，廚房要根據店堂的需要及時提供所需商品。因為如果生產一旦跟不上進度，提供不了顧客需要的商品，那麼顧客等待過久就會引起不滿，而為了處理顧客的不滿就需要抽調人手採取應對措施，這樣就會使廚房更受影響。

於是後來的顧客又會不滿，在匆忙中工讀生很容易出錯，這樣一來餐廳裏會亂作一團。如此的惡性循環讓工讀生喪失信心，也讓顧客對肯德基喪失信心，產品品質和服務標準就成為一句空話。

因此，有經驗的店長首先會對廚房的生產流程進行嚴格有效的控制，以保證高峰期能夠保持良好的狀態。

(3) ISP 處理

店長回到經理辦公室，在那裏開始 ISP 打烊作業的處理工作，這是店鋪一天的綜合事務處理，也是店長當天的最後一項工作。

這是一項需要高度精力集中的工作，有以下內容：

- 實際在庫量、未完成品的廢棄、工作日程表、天氣氣候等情報的輸入；
- 向 ISP 送信 HHT（攜帶末端機）的各種資料；
- 商品目錄的輸入和確認；
- 每日訂貨單的做成等各種作業必須一項一項地處理。
- 最後，還必須為第二天的早班經理準備「ISP daily close back up floppy」，這份打烊工作的彙報資料有利於早班

經理對前一天店鋪晚班工作的瞭解。

這是店長幾年如一日的工作，在店鋪經營管理日益走向電子化的今天，親自向電腦輸入自己店鋪的各種數據進行情報處理的店長內心充滿了自豪！

連鎖秘訣 31：加盟商的運營標準化

特許經營企業的管理歷來都是非常重要的環節，這都是因為特許經營模式的統一要求。此外加盟店發展速度的快慢在很大程度上也取決於管理系統的速度、效率和標準化。

在加盟者總部簽訂加盟合約後，總部就開始對加盟者及其分店的管理人員進行必要的培訓，以保證加盟店能成功運營。

1. 標準的加盟商培訓與指導

每位加盟店店主，都必須在申請加盟後，先到一個肯德基餐廳工作 500 個小時，然後再到學習關於肯德基的經營方針和管理問題的輔導課程。

這些課程都有助於加盟商認真貫徹一致性品質要求，使加盟商從一開始就提供高品質的產品與服務，而肯德基的名聲和信譽也不會因此而受損。

(1) 產品的標準化

在肯德基的整個發展過程中，肯德基餐廳向顧客提供的食品始終只是漢堡、炸薯條、冰淇淋和軟飲料等。儘管不同國家

的消費者在飲食習慣、飲食文化等方面存在著很大的差別，但是肯德基仍然淡化這種差別，即便有變化也只是在原有基礎上的細微變化，向各國消費者提供著極其相似的產品。

(2)經營標準化

經營標準化要求連鎖店的各個崗位、各個工序、各個環節自身運作時，盡可能做到簡單化與模式化完美結合，從而減少人為因素對日常經營的不利影響。為此，肯德基費盡心思策劃、編寫了《肯德基手冊》，並不斷完善、逐步推廣。

規定每一家連鎖店都要嚴格按照手冊操作，在保持簡潔的前提下，最大限度地追求完美，注意到經營過程中的每一項細節。甚至詳細規定了奶昔員應當怎樣拿杯子、開關機、罐裝奶昔直到售出的所有程序。

儘管世界各國的市場都無一例外地在不斷變化，儘管不同國家的市場環境存在著極大的差別，但無論是美國國內的連鎖店還是遍佈世界各地的連鎖店，幾乎都採取了一種高度相同的行銷管理模式，採取一種以不變應萬變的市場行銷策略。

(3)分銷的標準化

無論是肯德基自己經營的連鎖店，還是授權經營的連鎖店，店址的選擇都有著嚴格的規定。最初的店址規定是：5 公里的半徑範圍內有 5 萬以上的居民居住。後來這一規定被更改了，並規定連鎖店必須建於繁華的商業地段，諸如大型商場、超市、學校或政府機關旁邊等。

這一規定沿襲至今，並且作為選擇被授權人的重要條件之一。不僅如此，所有連鎖店的店面裝飾與店內佈置必須按照相

同的標準完成。

(4)促銷的標準化

肯德基在其整個經營過程中始終都堅持以兒童作為主要促銷對象，其促銷理念是吸引兒童消費就吸引了全家消費，為此，店內有供兒童娛樂的場所和玩具。其促銷的方式主要是電視廣告。

為了使所制定的各項標準能夠在世界各地的連鎖店得到嚴格執行，肯德基以此來培養店長和管理人員。

此外，還編寫了一本長達 400 頁的員工操作手冊，詳細規定了各項工作的作業方法和步驟，以此來指導世界各地員工的工作。

2.嚴格的加盟商約束與管理

特許經營是企業迅速發展壯大的捷徑，但要防止企業不因加盟商的失敗而被拖垮，就必須對加盟商在生產和經營方面加強約束與管理。

各分店都由當地人所有和經營管理。鑑於在速食飲食業中維持產品品質和服務水準是其經營成功的關鍵，因此，肯德基公司在採取特許連鎖店經營這種戰略開關分店和實現地域擴張的同時，就特別注意對各連鎖店的管理控制。

(1)加盟商是分店的所有者

公司主要通過授予特許權的方式來開關連鎖分店。使購買特許經營權的加盟商在成為經理人員的同時也成為該分店的所有者，從而在直接分享利潤的激勵機制中把分店經營得更出色。

公司在出售其特許經營權時非常慎重，總是通過各方面調

查瞭解後挑選那些具有卓越經營管理才能的人作爲店主，而且
事後如發現其能力不符合要求則撤回這一授權。

(2)**通過程序、規則和條例使作業標準化、規範化**

公司還通過詳細的程序、規則和條例規定，使分佈在世界
各地的分店的經營者和員工們都遵循一種標準化、規範化的作
業。

連鎖總部從不給予任何加盟人自由經營商品的權力，更嚴
格禁止任意更換經營的品種，或是在操作上自行其是的情況。
爲避免分散顧客對肯德基的關注程度，在所有連鎖店的餐廳進
行淨化，窗戶上甚至不准張貼海報，報販也不准進店兜售。

公司對製作漢堡、炸薯條、招待顧客和清理餐桌等工作都
事先進行詳實的動作研究，確定各項工作開展的最好方式，然
後再編成書面的規定，用以指導各分店管理人員和一般員工的
行爲。

公司要求所有的特許經營者在開業之前都接受爲期一個月
的強化培訓。回去之後，他們還得按要求對所有工作人員進行
培訓，確保公司的規章條例得到準確的理解和貫徹執行。

(3)**設立監督機制**

在其員工手冊中對有關食品、促銷、店址的選擇和裝潢、
各種工作的方法和步驟等方面都詳細給出了定性或定量的規
定。爲了確保所有特許經營分店都能按統一的要求開展活動，
公司總部的管理人員還經常走訪、巡視世界各地的經營店，進
行直接的監督和控制。

除了直接控制外，公司還定期對各分店的經營業績進行考

評。爲此，各分店要及時提供有關營業額和經營成本、利潤等方面的資訊，這樣總部管理人員就能把握各分店的經營動態和出現的問題，以便商討和採取改進的對策。

(4)獨特的組織文化

公司的另一個控制手段，是在所有經營分店中塑造公司獨特的組織文化，這就是大家熟知的「品質超群，服務優良，清潔衛生，貨真價實」口號所體現的文化價值觀。

公司的共用價值觀建設，不僅在世界各地的分店，在上上下下的員工中進行，而且還將公司的一個主要利益團體——顧客也包括進這支建設隊伍中。顧客雖然要求自我服務，但公司特別重視滿足顧客的要求，如爲他們的孩子開設遊戲場所、提供快樂餐廳和組織生日聚會等，以形成家庭式的氣氛。

3.讓加盟商沒有後顧之憂

肯德基分工十分精細，連鎖店採購保證有貨、配送方便快捷。有一套完整、有效的供應體制，各連鎖店所需原材料及半成品，都有專人專車負責代勞，加盟人不必操心，更不會產生配送不齊、補給不足之憂。

比如：總部將選定好的麵包、番茄醬、芥末等原料的供應商介紹給連鎖店，由其雙方按進出貨標準直接從事交易。

交易過程十分簡單，它不僅免去了連鎖店尋找貨源、組織運力等麻煩，而且還能得到供應商穩定的合作，從而使連鎖店經營者能夠騰出更多的時間和精力，去專心致志地搞好自己的本職銷售工作。在其他細節方面，也做到了高度的統一。

總部爲特許經營者提供相同的技術設備支援。採用機械化

的操作和標準化設備，保證產品品質的統一性。其用人制度也比較獨特，只有服務員，沒有廚師，所有廚師都被機械替代了，在很大程度上減少了人力資源的成本，保證食品品質穩定統一，而且極大地提高了食品生產速度。

廚房與櫃台之間是一排機器，包括飲料機、雪糕機等廚具設備，由專門指定的公司為其提供。同時，還在開發新的生產設備和系統，用以提高競爭的能力。

連鎖秘訣 32：對加盟商進行培訓

肯德基認為，培訓是成功的關鍵：13 週的餐廳培訓使加盟者有效掌握肯德基營運手冊中的相應部份，包括如漢堡工作站、薯條工作站等各個工作站的學習。加盟商接手餐廳後，還要安排長期的餐廳管理實習。在培訓過程中，未來的特許經營商將承擔自己的費用（培訓費、交通費用和生活費用）。

加盟商是特許企業重要的合作夥伴。為了建立完善的市場風險保障體系，幫助加盟者解除後顧之憂，特許企業一般都會對加盟商進行長期的培訓，以便加盟商能充分理解特許企業的文化、經營、管理方法，將加盟商培養成為具有特許企業標準行為規範的專業人員。

對加盟商進行培訓也是肯德基特許經營管理的一項重要內容，其目的是保證加盟商更深入、透徹地瞭解肯德基的企業文

化和經營方針，使其服務水準和品質達到全球一致的要求。

　　一般來說，肯德基的成功候選人將被要求參加一個內容廣泛的 13 週的培訓項目，13 週的餐廳培訓使加盟者有效掌握經營一家成功餐廳需要瞭解的值班管理、領導餐廳等課程，此外，還包括如漢堡工作站、薯條工作站等各個工作站的學習。培訓課程包括：餐廳經理、餐廳副理、餐廳經理、如何管理加盟經營餐廳、對總部的專門介紹、小型公司管理課程等。

　　除了專門的培訓課程外，加盟商在接手餐廳後，還要進行為期 5～6 個月的餐廳管理實習。在培訓過程中，未來的加盟經營商將承擔自己的費用，包括交通費用、生活費用等。有餐廳和行業經營經驗的加盟經營商可以申請免去某些培訓。

　　通過培訓後，候選人才能正式成為肯德基的加盟商。除此之外，由專業人員和餐廳運作發展總部的工作人員構成的部門，還會對加盟商進行業務指導和幫助，對那些剛剛開始經營肯德基的加盟商給予更多的幫助和支持。

　　與肯德基相比，麥當勞公司對加盟商的培訓有過之而無不及。麥當勞會將加盟商送至麥當勞大學進行為期 1 年的培訓。麥當勞 1961 年開始了漢堡大學的培訓課程，其目的在於傳承麥當勞的全球經營管理經驗。1983 年 10 月麥當勞大學搬至美國芝加哥，漢堡大學的規模也從早期僅能容納 9～12 名學生的地下室，到現今擁有可容納 200 名學生的教室、1 座大禮堂、6 間多功能室、6 座劇院式教室、17 間會議室以及 1 座圖書館。學校在建立市場佔有率、員工管理及保持市場領地等課程中提供有 20 種語言的同聲傳譯系統。

近 10 年來，麥當勞於各區域設立國際漢堡大學，目前全球已有 7 所，分別位於德國、巴西、澳大利亞、日本、美國、英國、香港，每年有超過 5000 名來自世界各地的學生，至漢堡大學參與訓練課程，而每年有超過 3000 名的經理人修習高級營運課程。每年有來自 72 個國家的 200 名任職 2～5 年的麥當勞經理來這裏接受爲期 2 週的培訓。大約有 50000 名麥當勞的員工、特許連鎖商、供應商得到了這個大學的培訓文憑。

連鎖秘訣 33：肯德基手冊是標準化典範

爲了保證經營觀念「QSCV」（即「品質、服務、清潔和價值」）得到忠實地貫徹，肯德基制定了自己的企業行爲規範——「Q&T manual、SOC、Pocket Guide、MOP」，從而把每項工作都標準化，即「小到洗手有程序，大到管理有手冊」。

隨著連鎖店的發展，肯德基人深信：速食店只有標準統一，而且持之以恆、堅持標準，才能保證成功。

1.肯德基的精髓

(1)最高政策：品質、服務、清潔、價值。

這不但是在餐飲業界，甚至對運輸配銷業，也具有深遠的影響。它在服務業界廣受推崇，經營者都以它作爲工作指標。

(2)基本精神。

爲了徹底執行這套基本手冊，制定了一套完整的體系。在

品質控制方面，有營運手冊、內部結構、流程規定；在服務方面，有 SAM 促銷手冊；清潔方面有建築維修預防手冊。

(3)基本政策。

基本政策的七大要素：

‧品質、衛生、清潔、價值。

‧細心、愛心、關心。

‧顧客永遠第一。

‧衝動、青春、刺激。

‧立刻動手、做事沒有藉口。

‧保持專業態度。

‧一切由你。

這七項不僅僅是企業觀念，而且是行動規範，更可以說是企業的戰略。清楚地說，這些是「判斷的基準」，以使最前線的店鋪從職員到兼職人員，自始至終將此作為一貫性行動的範本。

2. 相關手冊

為了使企業理念「QSCV」(品質、服務、清潔、價值)能夠在連鎖店餐廳中貫徹執行，保持企業穩定，每項工作都做到標準化、規範化，針對幾乎每一項工作細節，反覆、認真地觀察研究，寫出了營運手冊。該手冊被加盟者奉為圭臬，逐條加以遵循。

與此同時，他還制定出了一套考核加盟者的辦法，使一切都有章可循，有「法」可依。

(1)營運訓練手冊(O&T manual)

營運訓練手冊極為詳細地敍述了方針、政策，餐廳各項工

作的運作程序、步驟和方法。30多年來，公司不斷創造性地豐富和完善營運訓練手冊，使它成為公司運作的指導原則和經典。

（2）**崗位工作檢查表**（SOC）

公司把餐廳服務系統的工作分成 20 多個工作站。例如煎肉、烘包、調理、品質管理、大堂等等，每個工作站都有一套「SOC」即 Station Observation Checklist。SOC 詳細說明在工作站時應事先準備和檢查的項目、操作步驟、崗位第二職責及崗位注意事項等。

（3）**袖珍品質參考手冊**（Pocket Guide）

公司的管理人員每人分發一本手冊，手冊中詳盡地說明各種半成品接貨溫度、儲存溫度、保鮮期、成品製作溫度、製作時間、原料配比、保存期等等與產品品質有關的各種數據。

（4）**管理發展手冊**（MDP）

MDP 是公司專門為餐廳經理設計的一套管理發展手冊，手冊採用單元式結構，循序漸進。管理發展手冊中介紹各種管理方法，也佈置大量作業，讓學員閱讀營運訓練手冊和實踐練習。

與管理發展手冊相配合的還有一套經理訓練課程，如：基本營運課程、基本管理課程、中級營運課程、機器課程、高級營運課程。餐廳第一副經理在完成管理發展手冊第三班學習後，將有機會被送到美國總部學習高級營運課程。

3.肯德基手冊的原則

肯德基之所以能在激烈的競爭中迅速發展，是因為它適應社會化大生產的要求，實現了商業活動的簡單化、專業化和標準化，從而獲得其他商業形式無可比擬的效益。

(1)簡單化

將作業流程盡可能地「化繁為簡」，減少經驗因素對經營的影響。連鎖經營擴張講究的是全盤複製，不能因為門店數量的增加而出現紊亂。連鎖系統整體龐大而複雜，必須將財務、貨源供求、物流、資訊管理等各個子系統簡明化，去掉不必要的環節和內容，以提高效率，使「人人會做、人人能做」。為此，要制定出簡明扼要的操作手冊，職工按手冊操作，各司其職，各盡其責。

(2)專業化

將一切工作都盡可能地細分專業，在商品方面突出差異化。這種專業化既表現在總部與各成員店及配送中心的專業分工上，也表現在各個環節、崗位、人員的專業分工上，使得採購、銷售、送貨、倉儲、商品陳列、櫥窗裝潢、財務、促銷、公共關係、經營決策等各個領域都有專人負責。

①採購的專業化。

通過聘用或培訓專業採購人員來採購商品可使連鎖店享有下列好處：對供應商的情況較熟悉，能夠選擇質優價廉、服務好的供應商作為供貨夥伴；瞭解所採購商品的特點，有很強的採購議價能力。

②庫存的專業化。

專業人員負責庫存，他們善於合理分配倉庫面積，有效地控制倉儲條件，如溫度、濕度，善於操作有關倉儲的軟硬體設備，按照「先進先出」等原則收貨發貨，防止商品庫存過久變質，減少商品佔庫時間。

③收銀的專業化。

經過培訓的收銀員可以迅速地操作收銀機，根據商品價格和購買數量完成結算，減少顧客的等待時間。

④商品陳列的專業化。

由經過培訓的理貨員來陳列商品，善於利用商品的特點與貨架位置進行佈置，能及時調整商品位置，防止缺貨或商品在店內積壓過久。

⑤店鋪經理在店鋪管理上的專業化。

店鋪經理負責每天店鋪營業的正常維持，把握銷售情況，向配送中心訂貨，監督管理各類作業人員，處理店內突發事件。

⑥公關法律事務的專業化。

連鎖店通過聘用公關專家，可以以公眾認可的方式與媒體和大眾建立良好關係，樹立優秀的企業形象；而通過專職律師來處理涉及公司的合約、訴訟等法律事務，以此確保公司少出法律問題，始終合法經營。

⑦店鋪建築與裝飾的專業化。

通過專業的房地產專家、建築師、商店裝飾專家的工作，把店鋪建在合適的地點，採取與消費者購物行為相一致的裝飾方式，使購物環境在色彩、亮度、寬敞度、高度方面維持在一個較高的水準。

⑧經營決策的專業化。

通過資深經理的任用，連鎖店在店鋪形態選擇、發展區域、擴張速度等方面均可實現決策專業化，保證決策的高水準。

⑨資訊管理的專業化。

通過建立或採用配送中心物流管理系統，商品、人事管理系統，條碼系統，財務系統，店鋪開發系統，連鎖集團數據庫系統等資訊系統，及時評價營業狀況，準確預測銷售動態。

⑩財務管理的專業化。

任用財務專家實現連鎖店在融資、資金流通、成本控制方面的高水準營運。

⑪教育培訓的專門化。

設立培訓基地，任用專職培訓人員，持續地為連鎖店培養高素質的員工。

(3)標準化

將一切工作都按規定的標準去做，連鎖經營的標準化，表現在兩個方面：

一是作業標準化。總部、分店及配送中心對商品的訂貨、採購、配送、銷售等各司其職，並且制定規範化規章制度，整個程序嚴格按照總公司所擬訂的流程來完成。

二是企業整體形象標準化。商店的開發、設計、設備購置、商品的陳列、廣告設計、技術管理等都集中在總部。總部提供連鎖店選址、開辦前的培訓、經營過程中的監督指導和交流等服務，從而保證了各連鎖店整體形象的一致性。

連鎖秘訣 34：肯德基品牌標準化

在肯德基的發展歷史上，它經歷了兩次關鍵的轉折。第一次是 1950 年修建高速公路，哈蘭德・山德士的南方炸雞店被迫遷址，後來他索性走上推銷炸雞配方的道路。這可以說是因禍得福，肯德基炸雞由此在全美國推廣開來。第二次是 CIS 戰略的實施。它對肯德基的飛速發展起到一個決定性的作用。

CIS 是英語 Corporate Identity System 的簡稱，意為企業形象識別系統，是指企業為了給社會公眾的同一形象體現而使企業自身在其各個領域內實現的統一形象的表達。

CIS 包含三個部份，即 VI(Visible Identity)視覺識別、BI(Behavior Identity)行為識別和 MI(Mind Identity)理念識別三部份。其中 MI 是 CIS 的根本，是企業的精髓所在，體現企業經營的理念精神；BI 則要求企業在經營運作中以全體員工統一的行為要求和行為準則，包括應用統一的語言、統一的行動來向公眾展示企業的形象；而 VI 則是企業在企業標誌設計、企業廣告宣傳中以特定的色彩、圖案、語言表達，體現企業形象。

CIS 運用統一的視覺識別設計來傳達企業特有的經營理念和活動，從而提升和突出同一化企業形象，能使企業形成自己內在獨特的個性，最終增強企業整體競爭。

那麼，肯德基又是如何規劃實施該戰略的呢？

標準化和統一化是連鎖經營的一個特徵，肯德基所有的連鎖店都採用了統一的裝潢設計。所有餐廳的內外裝修都按統一的 7 套圖紙進行，無論在那裏開店，肯德基的裝潢都具有統一的裝修形象和統一安排，體現構思的嚴謹和管理的統一性。

肯德基前後推出過兩個品牌代言「人」，一是山德士上校，二是「奇奇」。兩個「人」都發揮了極大的宣傳作用。敬老是傳統美德之一。山德士上校那一頭白髮、一撮白鬚及全身上下白色的衣著，給人一種既清新、正直，又和藹可親的感覺。對重視親情又尊重老人來說，山德士上校具備無限的魅力。

後來，一方面因為要吸引兒童顧客，另一方面要制衡「麥當勞叔叔」，所以肯德基又推出另一個品牌代言「人」──「奇奇」，作為肯德基餐廳內吸引、帶動兒童歌唱及其他團體活動的卡通角色。

首先，肯德基以極具穿透力的標誌形象制勝。1964 年，哈蘭德‧山德士上校成為肯德基炸鶏的廣告代言人──一個笑容可掬，和藹可親，戴著一副寬邊眼鏡，蓄一小捋山羊鬍子可愛的老人的頭像。在 20 世紀 70 年代推向全球後，他成為肯德基的標誌。現在，在全球各地稍有一些規模的城鎮都能看到這個形象。對任何人來說，圖形的傳播及感知、辨識、判斷要比文字傳播及感知、辨識、判定更為迅速和準確。而且，關鍵在於一個「神」字，神態、神情、神妙，具有「神」的形象性。肯德基標誌真可以說是神采照人，頗有誘惑力。這樣的一個標誌，自然而然地伴隨著肯德基風靡全球，更不用說還有肯德基汁多味美的鶏肉了。

以題材的歷史地域爲表現形式，可以使標誌更具權威性，又能增強異域的情趣和新奇感，是一種具有強烈的故事性與說明性的設計形式。這種標誌設計可以通過卡通造型，或簡潔明快的圖形作爲標誌圖形，要求題材具有一定的歷史故事以及特有的地理特徵，而這種歷史的地理特徵又必須是可以通過較好的圖形來進行表現，而且得到人們的認可，或者是有較高的知名度。

無論是在肯德基的店外招牌上、其產品包裝上還是其廣告中，只要有肯德基出現的地方，我們都可以輕易地看到一個滿頭白髮、留著山羊鬍子、身著整齊西裝的和藹老人，這個人就是肯德基的標誌性人物——哈蘭德•山德士上校，也是肯德基的創始人。

山德士更沒有想到的是，他的打扮已經成爲肯德基獨一無二的註冊商標。人們一看到這個形象，就會想起山德士的傳奇經歷和他永遠笑呵呵的樣子。爲此山德士曾開玩笑說：「我的微笑就是最好的商標。」

以其創始人山德士老人的頭像爲標誌造型，既說明了肯德基的創業歷史，而老人和藹可親，面帶微笑的卡通形象，又給人們一種親切感。

以山德士形象設計的肯德基標誌，如今已成爲世界上最出色、最易識別的品牌標誌之一。以至於很多人都有這樣一種感覺：一看到山德士面帶微笑的頭像就會想到「肯德基」。

作爲世界最大的炸雞速食連鎖企業，肯德基在世界各地擁有上萬家餐廳。在品牌的識別方面，肯德基做出了巨大的努力：

為了達成企業品牌形象對外傳播的一致性與一貫性,肯德基運用統一設計和統一大眾傳播,用完美的視覺一體化設計,將信息與認識個性化、明晰化、有序化,統一各種形式傳播媒體上的形象,創造能儲存與傳播的、統一的企業理念與視覺形象,從而集中與強化企業形象,使信息傳播更為迅速有效,給社會大眾留下強烈的印象與影響力。

　　一個面帶微笑的山德士上校的面容,凸顯其熱情好客的性格;穩妥斜放的 KFC 商標,帶出方便的感覺,它並沒有過分塑造速食的形象。企業主色調用紅色不僅具有視覺感染力,還可以提升食慾,傳達著注重健康,優質熱餐的理念,一看就深入人心。

心得欄

- -

- -

- -

- -

- -

連鎖秘訣 35：建立危機防範體系

一、危機防範體系

在連鎖零售企業中，面臨的危機主要分為兩個部份，可控制的部份和不可控制的部份。可控制的危機包括門店的一些日常發生的停電、停水、火災、水災，商品的緊急斷貨、門店人員的變更等。造成的不良影響都可以通過事前的控制得到很好的預防和及時的解決。

自然危機是無法完全避免的，因此防患於未然十分重要。

肯德基教育員工要有防範和應對危機的意識，對於常見的自然危機，例如火災、地震等，肯德基有明確的文件規定了員工應當如何應對，其處理步驟之詳細，令許多專家都感到佩服。

要處理好危機，看似紛繁複雜，但只要做到「三誠」，即誠意、誠懇、誠實，則一切問題都可迎刃而解。

誠意：在事件發生後的第一時間，公司的高層應向公眾說明情況，並致以歉意，從而體現企業勇於承擔責任、對消費者負責的企業文化，贏得消費者的同情和理解。

誠懇：一切以消費者的利益為重，不回避問題和錯誤，及時與媒體和公眾溝通，向消費者說明事情的進展情況，重拾消費者的信任和尊重。

誠實：誠實是危機處理最關鍵也最有效的解決辦法。人們會原諒一個人的錯誤，但不會原諒一個人說謊。

對連鎖企業而言，遍佈全球的連鎖店，每日面對不同的個人和團體，稍有疏失即有可能影響企業形象與信譽，甚至將企業長期努力經營的成果毀於一旦，若能平日做好各項危機的防範措施，則能將損失降至最低的程度，增進連鎖體系發展的穩定與形象和信譽的提高。

零售企業出現危機並不可怕，關鍵是怎麼去化解危機。「天有不測風雲，我有危機管理」，這才是企業能夠真正生存下去的辦法。

當企業面臨這一系列經營危機的時候，首先門店要建立一套危機管理防範體系，通過日常的實習演練，達到「戰時不慌」的狀態。肯德基擁有自己特殊的危機管理體系。

(1)建立危機管理防範體系的原則

一位著名的危機管理專家指出：「要盡一切所能避免你的業務陷入危機。但一旦遇到了就該面對它，管理它，力圖長期保持關注。」

購買保險，為各種可能發生的不同危機制定若干應急計劃，安裝備用照明設施以防止停電，制定管理替補制以防止關鍵人物突然生病。制定突發事件應急計劃，這樣在發生店內失火和停車場事故時，公司就能有一個明確的計劃可以遵照執行。

當危機發生時，重要資訊應當傳遞給所有的相關團體，如消防隊，或者警察局、僱員、顧客、新聞媒體等。

與危機有關聯的團體應當相互合作，避免衝突。

反應要盡可能快，猶豫不決會使得情況變得更糟。

確保決策的命令鏈明確無誤，決策者需獲得採取措施的充分授權。

(2)小冊子

店長都隨身攜帶一本小冊子，封面上有一個醒目的金黃色「M」的標誌，凡是看過這個手冊的人都會驚訝肯德基的管理水準。手冊講述了有關品質標準的所有技術，是一本向顧客提供美味佳餚的肯德基小辭典。

在這個手冊中會有一部份內容是紅色的，這就是關於門店的安全須知事項。白色內容部份是發生地震、火災、颱風、被盜以及顧客索賠時，經理首先應當做些什麼，內容包括應對方法、行動規則和重整經營規則。當發生火災或者有火災危險時候，店長是店鋪避難工作的負責人，如果店長不在，則由店鋪經理指揮，但必須和店長取得聯繫。

二、沉著應對危機事件

2003 年春節前後，源於亞洲地區的 SARS 肺炎迅速肆虐開來，侵吞了不少無辜的生命。5 月中旬，上海的肯德基餐廳特別推出一系列「愛心專遞」活動，送出 33 萬個一次性醫用口罩，又籌集了 7680 瓶洗手液。從 2003 年 5 月 20 日開始，每一份在上海肯德基餐廳訂購的外送食品都將隨餐附送一次性醫用口罩一個和洗手液一瓶，直到這 7680 瓶洗手液全部送完為止。同時，還附上一張愛心卡，表達肯德基的濃濃關愛之情，並詳細

介紹科學洗手的正確方法和佩戴口罩的注意事項。

居安思危，是長遠發展的保證，它要求員工時時警惕危機事件的發生，在日常工作中，儘量把可控制危險的發生率降低到最低限度，當危機事件發生時，要沉著應對。像這樣的安全防範意識在每個企業裏都應該是必備的。

1.「SARS」時期「因禍得福」

2003 年「SARS」時期，在亞洲的肯德基公司儘管也受到了一定的影響，但是由於一向重視飲食衛生，給人們留下了良好的印象，而且一直從事便於外帶的速食服務，因此經營業績並未受到多大影響。隨著訂餐量的激增，營業額回升得很快，其送餐人員增加了 2 倍，訂餐量也上漲了 2 倍之多。

爲了消除顧客可能產生的疑慮，採取了更加嚴格的衛生防範措施：

(1)各餐廳在營業時間段利用先進的過濾裝置保持餐廳內通風換氣。

(2)餐廳門把手、樓梯扶手等人員接觸較多的部位至少每30 分鐘消毒一次。

(3)餐廳入口處員工隨時使用拖把消毒。

(4)櫃台經理、員工以及餐廳內廣播及時提醒顧客餐前要洗手等。

而且，餐廳內的員工在廚房烹製食品時必須戴衛生手套，所有餐廳的員工每隔 1 小時都必須洗手，每 30 分鐘必須給雙手消毒，這是一項嚴格執行的內部規則。借此機會，也在思考如何來應對這一災難，並且計劃著新的市場推廣舉措，結果不久

之後，新的廣告便讓世人所熟知。

更為關鍵的是，經此一疫之後，一些中小型餐廳由於衛生條件太差，失去了大量的消費者，而肯德基卻因禍得福，在「SARS」之後，消費者紛至遝來，也可以說「SARS」恰好為肯德基作了一次促進宣傳。

2.從容應對禽流感

禍不單行，「SARS」疫苗尚未研製成功，2004 年初的禽流感疫情又在亞洲地區傳播開來，以雞肉為代表的禽類食品讓不少人心存疑慮，許多地方禁止銷售禽類產品，肯德基以炸雞食品為主，部份店鋪也受到了一定的影響。

不過在一些非疫區，肯德基由於有先進的生產技術，可以對雞肉產品進行高溫深加工，可以為消費者提供安全美味可口的放心食品。

肯德基斷絕了疫區的供應商的供貨，並鄭重對外界聲明其產品絕對來自非疫區，並經衛生部門全部檢測。同時進一步加強內部衛生監控，並邀請公眾人物到肯德基吃放心餐，從而吸引更多食客。儘管如此，疫情也為肯德基上了一課：一定要及時總結新的突發疫情的應對措施。

3.危機時刻不忘樹立形象

危機時期，肯德基仍不忘體現「肯德基不僅僅是一家餐廳」的長遠經營理念。在人們需要大量口罩供應之際，肯德基特別撥款，購買了大量口罩，向惠顧餐廳的顧客免費贈送，同時還提供預防「SARS」的常識宣傳單。

員工遵循一貫的經營傳統，保持全球最嚴謹的衛生規定。

確保所有售賣的食品均符合安全標準,甚至超過政府對食品銷售的基本要求,同時肯德基還率先使用更加嚴格的衛生防範措施,向每一位光臨的顧客提供乾淨、衛生和放心的衛生環境以及親切友善的服務。

在餐廳內,所有的員工都佩戴好口罩,保潔人員還定時地對餐桌等進行消毒。洗手間門口的醒目位置上安放了「餐前洗手指示牌」,洗手池鏡子下方張貼了「洗手七步驟」貼紙。對於天真可愛的孩子,更專門安排了「親善大使」,手把手地引導他們養成良好的就餐習慣。

公司急顧客所急,想顧客所想,在人們需要大量口罩供應之際,特別購買了 33 萬個口罩,向惠顧餐廳的顧客免費贈送,同時給顧客的還有一個小卡片,上面有預防「SARS」的小知識和小提示。

4.應對危機的策略

「SARS」、禽流感讓廣大消費者聞之戰戰兢兢,各大餐飲企業更是吃盡了苦頭,不少中小餐廳甚至因此而關門停業,損失慘重。但是在疫情期間則顯得不慌不忙,從從容容。

究其原因,不僅是因為在長期的經營中積累了大量的管理經驗、應急經驗,更在於一貫的經營宗旨,重視衛生環境的良好習慣。因此,餐飲服務業足以引以為戒,儘快重視自身的衛生環境。

從應對危機的經營策略,可以總結出以下幾點:

(1)營造放心的消費環境,讓消費者敢於消費。

(2)研究消費者心理和消費需求。

(3)發揚優秀的飲食文化。

(4)研究企業經營管理戰略。

「人無遠慮，必有近憂」，戰略管理是企業主要的內功。練好這項內功，企業方能快速應變，抵禦風險，提高市場競爭力。

2005年初，肯德基公司在中國遭遇「蘇丹紅」事件：北京市有關部門從朝陽區某肯德基餐廳抽取的原料「辣醃泡粉」中檢測出「蘇丹紅一號」。這種「辣醃泡粉」用在「香辣鷄腿堡」、「辣鷄翅」、「勁爆鷄米花」3種產品上。

而現在，沸沸揚揚的蘇丹紅事件已經告一段落，肯德基早已從蘇丹紅的陰霾中走出來，究其原因，就是因爲肯德基所屬的百勝餐飲集團採取了目前看來最有效的「危機公關」方式：

第一，承認了自家產品存在品質問題，以及對供應商的監管不力，並向消費者道歉；

第二，承諾重新生產不含「蘇丹紅」成分的調料，嚴格追查此次違規供應商的責任，並確保此類事件不再發生。

百勝餐飲集團在發現問題後及時地採取一系列補救措施，通過媒體向消費者廣而告之，保障了消費者的知情權，也避免了企業品牌形象因此次危機遭受難以挽回的破壞；立即停止售賣相關產品，也防止了更大範圍的危害擴散。透過此次事件，人們可以看到肯德基企業文化內部一整套規範、嫺熟的危機處理機制。

從此次肯德基針對蘇丹紅化解不利因素的全過程來分析，企業在建立危機公關處理制度時至少應關注以下問題：

(1)危機資訊的收集處理流程；

(2)危機公關處理的時間控制；

(3)危機公關處理的方式與手段；

(4)危機的定性及企業就危機本身對消費者所作的解釋；

(5)媒體的介入時間與方式。

一消費者說：「就因為他們的誠信，即使出現了『蘇丹紅事件』，我還是不會放棄它。有一次在肯德基吃漢堡時，發現了一根頭髮絲，服務員道歉後，很快給換了一個新的，還帶我參觀了製作間。如果這事發生是在國內的其他一些餐館，老闆肯定會說：『你是不是找麻煩來了，想多吃一個漢堡？』」

心得欄 ----------------------------------

連鎖秘訣 36：有效地對店員進行培訓

　　培訓作爲連鎖企業發展的重要部份，既是一種直接提升員工技能的工具，又是一種激勵方式。通過培訓可以迅速提高員工的業務水準，給企業帶來直接的效率；通過培訓也可以使員工感受到企業對員工的重視，感受到通過培訓獲得的個人成長的快樂，感受到未來美好的發展空間，激起他們昂揚的鬥志，從而可以使員工積極努力地工作，同時在企業中形成一種人人都講學習、愛學習的學習型組織氣氛，提高組織績效，實現企業的持續贏利和成長。

　　對賣場營業人員進行持續、系統地培訓，是賣場經營管理至關重要的一個環節。

1. 培訓計劃的制訂

　　要使公司營業手冊所規定的作業標準被員工理解、接受和執行，就必須通過有效的培訓方式來實行。一般來說，員工的培訓可以分爲在崗培訓、崗前培訓、崗外培訓，如全脫產培訓、半脫產培訓、掛職培訓、轉崗培訓、業餘自學等。但不論是在崗培訓還是脫產培訓，都應制訂明確的培訓計劃。一個定位準確、組織有序、全面週密而又省錢的培訓計劃將幫助企業提高賣場經營業績。

　　賣場員工培訓計劃的制訂可遵循以下的程序(見圖 36-1)。

圖 36-1　系統培訓過程

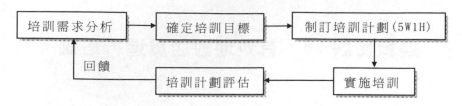

企業制訂培訓計劃時應使用 5W1H 法，即培訓計劃至少包括 5W1H：為何（why）、何人（who）、何時（when）、何（where）、什麼（what）、如何進行（how）。

(1)為何

舉辦培訓的目的是什麼？如何才能達到此培訓目的？

(2)何人

那些人要參加培訓？如那些部門、那些崗位、具體那些人參加培訓？培訓者是誰，是業務主管部門，還是優秀賣場員工，還是聘請管理顧問公司？

(3)何時

因為培訓對象的不同，必須考慮培訓的時機和培訓時間的長短。如新進員工一般在報到後立刻接受一星期到數個月的訓練。現有員工的訓練，大都在不影響公司業務的淡季進行。

(4)何處

培訓場合是在公司內還是公司外？如何佈置培訓會場？在公司內培訓一般安排在公司的會議室或培訓中心。如果公司的會議室或培訓中心太窄或容易受干擾，可向外部租借場所。在公司外培訓可到大專院校或專門的培訓機構。

(5)什麼

培訓的內容是什麼，涉及那些知識及業務技巧？

(6)如何

採用怎樣的培訓方式？

2.培訓內容

企業在制訂連鎖企業培訓計劃時，必須規劃好培訓的內容，內容對連鎖企業培訓效果有著重要的影響。培訓內容的規劃主要包括內容的設計與內容表現形式的設計。

(1)內容設計

企業在進行培訓時要明確培訓的目標，然後針對培訓目標設置合理的培訓內容。對店面員工的培訓主要集中在三個方面：技能、心態和規範。

·技能

對賣場員工進行技能培訓的主要目的在於迅速提高他們為顧客服務的本領。

對賣場導購人員來說，產品知識是培訓的中心內容之一，如果沒有產品和技術支援，那麼連鎖將會是無源之水。要讓導購人員掌握新導入的產品類型與組成、產品的品質與特性、產品的優點與利益點、產品的包裝情況、產品的用途及其限制、產品的獨到之處和產品的維修保養技巧等，從而使他們能為消費者提供優質的專家式服務，使顧客放心、滿意地購買產品。

對導購人員的銷售技能和技巧進行培訓，可以增加他們與顧客溝通的本領和應對問題的技巧，從而提高交易的成功率；對收銀員的收銀技巧、簡易包裝技巧、收銀機或 POS 機的使用

進行培訓，可以加快其收銀的速度，增強其收銀的準確性；對理貨員的理貨技巧進行培訓，可以規範賣場的貨品陳列與擺設；對售後服務人員、安裝工等進行技巧、流程培訓。

同時還要對他們進行標準操作流程的培訓，特別是當新的流程導入的時候，培訓就顯得尤爲重要了。

當然，連鎖企業也可以根據類似於「超級管理漏斗」的基本原理，找出營業人員在工作技巧、技能中的薄弱環節，進行有針對性的培訓，提高培訓的效果。

· **心態**

所謂心態就是指人們的看法、態度，即人們對事物的思維方式與處事態度。現在許多企業比較注重專業技術方面的培訓，卻疏忽了對員工素質、團隊精神、工作心態的培訓，從而導致員工對企業的熱愛程度不夠高。賣場營業員工文化程度普遍都不高，僅依靠環境影響難以達到提高他們素質的目的，而對其進行培訓則可以很好地解決這個問題。

培訓的內容主要包括企業的歷史與現狀、規劃與前景、特色與優勢、文化傳統、經營理念、典型故事、公司持續發展的保證等，最主要的目的是樹立員工的信念，提高企業的吸引力和員工對企業的忠誠感，這是連鎖培訓的基礎。同時，對新進員工來說也是一個他們迅速調整心態進入工作角色的捷徑。

同時，企業文化培訓有利於幫助員工樹立健康的心態，在每一次培訓中都應作爲一項內容，向他們灌輸企業的服務理念、行爲習慣等企業文化方面的內容，讓他們不斷接受企業文化的薰陶，提高員工對企業認同度和忠誠度。通過企業文化的

薰陶能促進員工行為、習慣與企業發展的要求相適應，也能激勵員工快樂工作。例如，家樂福對招聘的新員工進行專門的經營理念培訓等。

·規範

主要是對員工的行為規範、工作規範、企業制度等的培訓。培訓目的主要是使員工對商業中的基本行為規範、道德規範有一定瞭解；掌握日常服務禮儀，使服務人員的舉止、儀容、儀表、語言等，更加符合服務業的要求標準；熟悉公司及各崗位工作的規章制度與紀律，如考勤制度、財務制度、考評晉升制度、崗位責任制度等，從而教育和引導員工自覺遵守組織的各項制度和行為規範，使員工行為更加符合企業管理的要求。總之，培訓的內容（課程、教材及講授內容）要具有實用性，要與企業和員工的發展相適用，必須因人而異、因材施教。培訓的學科知識既要考慮先進性、發展性，又要考慮針對性、實用性；要有利於受訓員工掌握合理的知識技能並將所學、所思應用到實際工作中，學以致用，以學促效，實實在在增加人力資本的價值。

(2)內容表現

連鎖經營管理手冊和運營管理模式的所有內容屬於連鎖企業的內部機密文件，是連鎖企業核心理念的資料，絕對不能外洩，不能讓加盟商和其他競爭對手輕易拿走。

與此同時，在連鎖經營的各個體系建立後，為了確保連鎖店複製的一致性和簡單化，就要使連鎖經營的內容、方法、作業標準等得以傳播，各經營管理的軟體（手冊）就必須在各賣

場之間被方便地複製，從而方便連鎖店的拓展或加盟。而這一切都是通過培訓來完成的。

因此，既要保證連鎖經營模式的統一輸出，又要防止被別人「偷走」，如何解決這個矛盾呢？那就是通過內容表現形式的相關手段來解決，以防止不利的傳播。

那麼到底如何來保密呢？主要通過兩種方式實現：

· 內容分級授權持有

對於經營管理和運營管理模式的不同內容應該分級授權，並且最好是有需要的時候才發放，儘量減少不必要的傳播。不同職位能接觸到的核心管理內容是不同的。職位越高拿到的資料越全面。

· 手冊表現牽制

要使經營手冊的表現方式不易於傳播，可以採取錄影、文檔、手冊等形式，要多種方式結合起來。這樣想刺探企業內部核心機密的人就不容易收集到全面的資料。例如，在進行員工培訓時，就是把員工封閉在一個屋子裏觀看電影，此期間不可以做筆記、攝相等，看完之後馬上離開，其目的就是要防止培訓資料外洩。

雖然肯德基的培訓手冊一直是眾多商家覬覦的目標，但正是由於它們採取了這種有效的保護手段，才使其他企業根本不可能獲得它們系統的培訓資料，而都只是些零碎的培訓內容，所以在拿過來自己使用的時候往往只能達到「孩童學步」的效果。

3. 培訓方式

就培訓方式而言，無外乎兩種：「內訓」和「外訓」。「內訓」是指由企業人事部門設計課程，由內部人員或外界專家擔任講師，負責教育訓練工作；而「外訓」則是企業派員工到外界的企管公司或學校受訓。

一般來說，「內訓」可以瞭解培訓的目標、任務、對象和內容，有一定的針對性，但是培訓能力的素質不高、手段落後，視野也相對狹隘；「外訓」更加專業化並且水準高，技術手段先進，宏觀視野開闊，但良莠不齊，收費昂貴，缺乏針對性。最好合理劃分培訓外包和企業內訓的內容，取長補短，形成優勢互補，對前瞻性、宏觀性、觀念性、理論性、素養性的培訓，以機構外包為主，但應當經過充分考察、比較鑑別、慎重選擇；對專業性、技術性、制度性、組織性的培訓，以企業內訓為主。還可以考慮，在培訓體系和課程設計中，將個別的外訓課程與培訓師引進到企業內訓體系中，或是在以培訓外包為主的課程體系中，適當穿插企業總經理、專業技術部門的有關課程，做到內外結合、虛實相間、相得益彰。

內訓也好，外訓也罷，關鍵是企業要根據培訓目標、自身的實力及具體情況來選擇。在這裏，我們主要就具體的培訓方式展開一下分析。對於賣場員工的具體培訓方式，主要可以考慮演講、研討、情景、體驗、吸入和輔導等幾種方式。

（1）演講

一人之辯，重於九鼎之寶；三寸之舌，強於百萬之師。演講是一門綜合性的藝術，是語言的一種高級表現形式。演講藝

術性地表達出語言的基本意思，從而實現有計劃、有目的、有主題、有系統的視聽兩方面資訊傳播的過程。

　　好的演講，不但能在短時間內向一大群人傳播有用的資訊，使他們獲得新知識，同時又可以通過他激情澎湃的演說現場來感染現場的每一個人，使他們對未來抱有樂觀向上的精神，可以使見解相同的聽眾更堅定其原有的信念，還可以使力爭不同見解的聽眾動搖、放棄、改變其原有的觀點，心悅誠服地接受意見。

　　對於賣場員工的培訓，演講在技能、規範或心態上都能起到很好的培訓效果。當然，在此過程中應注意準備好各種相應的材料和教具，如文件夾、幻燈片、投影儀等多種媒體工具，從而增強培訓效果。

(2)研討

　　研討是通過培訓師與受訓者之間、受訓者之間的討論解決疑難問題。通過對特定問題或者提供的案例進行分析討論，受訓人員能夠主動提出問題，表達個人的感受，有助於激發學習興趣和參與熱情；員工還可以在討論中取長補短，互相學習，集思廣益，有利於問題的解決和知識與經驗的交流；同時，大家把平時實踐中的經驗和問題擺出來，共同討論、分析、解決，共同提高效率，既能開闊視野，又能吸取教訓、開拓思路、相互促進。這種方法多用於鞏固知識，訓練學員分析、解決問題的能力與人際交往的能力，運用時對培訓教師的要求較高。近年的培訓研究表明，案例研討的方式對於知識、技能類的培訓效果非常明顯。同時，員工在一起就共同的問題進行研討也有

利於集體解決問題的團隊意識的培養，形成良好的組織風氣。

研討的方式多種多樣，可以採取小組討論、沙龍、集體討論和系列研討等方式。每次研討都要建立明確的目標，並讓每一位參與者瞭解這些目標，要使受訓人員對討論的問題發生內在的興趣，並啓發他們積極思考；要在大家都能看到的地方公佈議程表（包括時間限制），並於每一階段結束時檢查進度。

(3) 情景

情景訓練是以工作中的實際情況爲基礎的，通過設定一個最接近現時狀況的場景，指定參訓學員扮演某種角色，借助角色的演練來理解角色的內容，從而提高分析和解決現實問題的能力，爲員工進入實際工作崗位打下基礎。當然，這個過程也離不開培訓導師的講解和分析。

在家樂福公司培訓中心的教室裏，一堂關於創造力的課程正在進行著。來自新加坡專業諮詢機構的教師正在用英語分配著任務，學員則是全國各地近 20 位店長候選人。

「這裏有紙張、膠帶，每張紙的成本是 5 美元，膠帶是每 5 釐米 10 美元，每分鐘的時間成本是 20 美元，請你們製造出一個大家都可以穿過去的隧道。最後，你們要向大家展示自己產品的總成本、建議銷售價格和利潤，並向類比顧客推銷這種產品。」上述場景是家樂福店長候選人在培訓課程中的一個情景片段，類似的課程還很多。它們不僅覆蓋了家樂福在全國各地的分店，而且也兼顧了從高管到普通員工各個層面。

資生堂的連鎖專賣店（櫃）將店面導購中可能出現的一些經常性銷售情景拍攝成片，在培訓過程中讓員工觀看，這是非

常簡單但又很有效的一種培訓方式，對於技能方面的培訓尤其實用。

這種方法與實際工作聯繫緊密，學習過程更直觀、真實，有利於人際交流與合作，並可以及時獲得關於學習結果的回饋，有利於培訓專門技能，可訓練態度儀容和言談舉止等。但此方法由於情境的人為性、簡單化，往往使學員不夠重視，對結果缺少責任心。同時，角色扮演的設計與實施也是一個難題。

(4)體驗

所謂體驗式培訓就是通過個人在活動中的充分參與來獲得個人體驗，然後在培訓師的指導下，團隊成員共同交流、分享個人經驗、提升認識的培訓過程。體驗式培訓摒棄了單向灌輸，是「寓教於樂」的最佳詮釋，它沒有教室、黑板、課桌，課堂直接延伸到青山綠水間，以自然為舞台，以活動為道具，以學員為中心，以體驗的學習方式提升組織和個人的情商。體驗式培訓一般由專門的培訓機構開展實施。

體驗式培訓的形式，目前用得最多的有戶外拓展訓練、魔鬼訓練、沙盤模擬、人才自我診斷、行為學習法等。體驗式培訓方法分為戶外與戶內兩大部份。國外戶外體驗式培訓的形式豐富多彩，如讓學生置身魚市，從中體驗和學習銷售、溝通等經營行為。再比如讓不懂音樂的人組成交響樂團。這種類型的培訓是一種「成人寓言」。沙盤模擬是另一種風靡全球的體驗式學習方式，一般在室內進行。如《探戈 Tango》就是一個通過沙盤模擬傳授知識和無形資產經營的培訓項目。瑞典教育專家 Klas Mellander 開發的經營模擬訓練項目《決戰商場 Decision

Base》也是採用沙盤類比方式進行的，將人才測評運用到學生的自我診斷，從而引起學生的極大興趣。行為學習法（Action-Learning）最早由劍橋學子提出，最先被英國石油公司採用，從這種培訓方式中獲益最多的當推通用電氣。

體驗式培訓在使用時大部份都是通過專家精心設計的管理遊戲來進行的。有趣的管理遊戲將帶給大家深刻的體驗，這些體驗將給受訓者的工作和學習帶來有意義的啟示，即使失敗的體驗，也沒有人會為之付出任何代價。遊戲失敗 100 次，都可以再來，但工作生活不能失敗，失敗就會帶來損失。「收穫最大化，代價最小化」是體驗式學習方法的精髓。體驗式學習法有利於提高受訓者的「學習」能力。為了生存，人們必須掌握唯一的、更重要的能力——學習，特別是沒有老師時的學習。體驗式學習法有利於學生潛能的發揮，有利於開發他們實際上已具有的能力。體驗式培訓對於店面員工心態的調整和技能提升具有重要意義。

(5) 吸入

吸入式培訓主要通過引導員工自己看書、看相關視聽材料，從外邊汲取相關資訊和知識。書籍、培訓資料等都是人類智慧的結晶，是專家經驗的總結。自我培訓除私人教練外最好的老師就是書籍。讀書、學習的過程就是和專家對話的過程，是與專家的側面溝通，在這個溝通循環中，你花了時間與金錢購買專家的書籍，其實就是購買了專家的知識和經驗。書中專家會將自己的成功心得和做法向你娓娓道來，你只須認真傾聽並信任和實踐就可以了。

　　當然，在材料的選擇上要注意科學性、實用性。這種培訓多用於規範和技能等培訓內容，也可用於概念性的知識培訓。讓具有一定學習能力且自覺的學員自學是既經濟又實用的方法。對於賣場員工的吸入式培訓，可以通過給他們發放小冊子或者統一提供相關教材學習的方式進行。當然，從企業的角度來說，開展這種培訓要對員工進行考試和檢驗，因爲畢竟這種學習完全依靠個人的自覺性。

(6)輔導

　　輔導主要是通過他人對受訓學員的親自指導、示範等，進行培訓的方法。現在很多連鎖賣場對新進員工都是先指定一個老員工，由老員工手把手地開展師徒式的「傳幫帶」，邊學邊幹，直至培訓合格才能獨立上崗，這是一種既有在職培訓又有課堂培訓並且兼顧工作和學習的培訓方法。輔導是一種隨時隨地培訓員工成長的方法，培訓的內容與工作直接相關，具有極強的針對性。員工的輔導主要側重於技能的培訓。

　　以輔導的方式對員工進行培訓時，要注意受訓者對輔導者的過分依賴，要注意兩者之間關係的處理。

　　對於賣場員工的培訓方法還有很多種，比如崗位輪換、參觀學習等。每種方法都有其優越性，企業在運用時也不是孤立進行的，而是將幾種培訓方法結合起來，對員工進行綜合、有效地培訓。

　　賣場員工是連鎖企業的主體，他們直接執行著連鎖賣場的經營任務，他們所做的都是具體性的工作。在培訓賣場員工的過程中，要謹防兩個錯誤。第一個錯誤就是相信這項工作簡單

無比，僅僅示範一下別人就能很快掌握了。如果是這樣想，那就大錯特錯了。要知道，那些工作對培訓者而言是輕而易舉的事情，但對第一次嘗試的人，甚至需要接受培訓的員工來說，也許是相當困難的。所以，對員工的培訓要有足夠的信心。第二個易犯的錯誤就是一次給員工灌輸的東西太多，使他們消化不了。大多數人一次只能消化三個不同的工作步驟或指示，因此在進行下一步講述之前，要確認員工們是否已經掌握了前三個步驟。不要顯得緊張、焦急或不耐煩，這樣有助於緩解員工的緊張情緒。如果有人犯了錯，千萬別說：「我剛剛才示範給你看了該怎麼做的」，而最好這樣說：「開始的時候是容易出錯。別急，試試再做一次看看，熟練就好了。

別忘了，學習是件十分容易讓人疲倦的事，所以，即使你自己還沒感覺到已經教累了，也應該考慮員工們也許已經是精疲力竭了。切記，要想取得更好的培訓效果，必須要對不同類型、不同崗位的員工區別對待。

心得欄

表 36-1　某連鎖公司新員工培訓案例

××商業連鎖有限責任公司		總編號	BBG	發佈	2005 年
		部門編號	PXB-007	日期	2 月 5 日
文件 名稱	關於規範賣場新 入職員工崗前培 訓工作的通知	版次	第二版	頁碼	
編制	培訓部	審核		批准		秘級	

1.目的：爲配合公司快速發展，開展好各賣場零星入職員工培訓工作，全面落實公司三級培訓體系要求，達到公司新員工崗前培訓的標準

2.適用範圍：全公司

3.參考文件：

4.名詞解釋：

5.職責與許可權：

6.內容：

6.1 入職培訓對象的分類

　6.1.1 賣場新招基層員工。

　6.1.2 賣場新招促銷員（營業員）。

6.2 培訓工作的組織

基層員工、促銷員（營業員）培訓由賣場負責，根據本賣場選擇培訓的對象，具體由賣場人事、行政部門組織。

6.3 培訓程序

制訂培訓計劃→報培訓部審批→開學典禮→軍訓→理論培訓→「一帶一」實習→考核、考試→培訓總結上報培訓部→辦理培訓證書。

說明：軍訓與理論培訓在保證規定課時情況下，可根據實際情況進行合理安排。如：軍訓與理論培訓穿插進行（上午理論培訓，下午軍訓）。

6.4 培訓場地的安排

　6.4.1 理論學習集中在賣場會議室、食堂或租賃教室進行。

　6.4.2 軍訓集中在一個安全的、開闊的場地進行。

　6.4.3 實習採取崗位實際操作的「一帶一」形式進行。

6.5 培訓時間及課時要求

6.5.1 賣場統一組織的培訓定在每月上旬進行。

6.5.2 基層員工培訓必須達到：軍訓 14 課時，理論培訓 20 課時。

6.5.3 促銷員（營業員）培訓課時必須達到：軍訓 14 課時，理論培訓 12 課時。

6.6 培訓課程設置、教材及授課人

6.6.1 基層員工培訓課程設置一覽表：見附表 1。

6.6.2 促銷員培訓課程設置一覽表：見附表 2。

6.7 授課津貼的發放

6.7.1 理論授課津貼按實際授課課時進行發放，原則上不得超過公司規定的課程課時，(50 分鐘為 1 課時)。

6.7.2 津貼發放標準按公司授課津貼標準執行。

6.8 培訓的申報與評估

6.8.1 各賣場組織的培訓班，需將培訓整體方案，費用預算提前 1 週上報培訓部審核。

6.8.2 培訓結束後，組織部門需對受訓者進行閉卷考試。

6.8.3 對授課老師授課效果進行評估。

6.8.4 對培訓整體組織工作及效果進行評估（問卷調查）。

6.8.5 培訓結束後，一週之內將培訓總結、評估報告上報培訓部存檔備查。

6.9 說明

6.9.1 賣場每月累計入職人數 10 人以上，需統一開班進行培訓。

6.9.2 對於個別補充人員入職員工，由人事部門安排學習企業文化學習後直接安排「一帶一」崗位培訓。

6.9.3 新員工入職培訓不收取培訓費，促銷員（營業員）由供應商承擔每人 100 元的委培費。

希望各賣場重視培訓工作，不斷提高員工素質與操作技能，增強員工對企業的認知度和歸屬感。

特此通知！

7.相關附表

附表 1　導購員培訓課程設置一覽表

課程	教學要點	課時	教材來源	授課老師要求（選擇）
公司簡介	1.公司發展史、組織架構 2.公司理念、經營戰略、核心競爭力	1	1.組織架構 2.公司企業畫冊	片區經理或店長
職業道德	1.職業道德、勞動紀律 2.促銷員工作制度	1	《新員工入職培訓教材》	賣場店長行政人事助理
管理規章制度	1.考勤制度 2.獎懲辦法、合理化建議管理制度	1	《新員工入職培訓教材》	賣場店長、行政助理
服務禮儀與服務技巧	1.服務行業禮貌禮節規範 2.服務姿態、服務禮貌語言的運用 3.優秀促銷員的標準	2	《新員工入職培訓教材》	行政助理
促銷常識	1.促銷方式、促銷技巧 2.促銷活動中注意事項 3.消費者心理及推銷技巧	2	《新員工入職培訓教材》	賣場店長、處長
商品陳列原則	1.商品陳列原則及方法 2.商品組合常識、技巧、安全事項	1	《新員工入職培訓教材》	賣場店長處長、課長
顧客投訴的處理	1.顧客投訴的處理方法 2.引起顧客投訴的原因	1	《新員工入職培訓教材》	賣場店長、處長、行政助理
行業知識及相關術語	1.超市行業知識 2.行業術語介紹	1	《新員工入職培訓教材》	賣場店長行政助理
盤點作業	1.日盤點、月盤點 2.盤點作業流程	1	《新員工入職培訓教材》	賣場店長
防損與安全工作規範	1.發生損耗的原因、損耗的控制 2.全員防損的推廣 3.安全與防範	1	《新員工入職培訓教材》《消防與安全》	賣場店長、行政助理防損課長
說明	指定教材中如有與公司現行制度相違背的，以公司最新文件內容爲準。			

附表 2　　促銷員課程表設置

課程	教學要點	課時	教材來源	授課老師要求（選擇）
公司簡介	1.公司發展史組織架構 2.公司理念、經營戰略、核心競爭力	1	1.（員工手冊附表） 2.公司企業畫冊	片區經理或賣場店長
職業道德	1.職業道德、勞動紀律 2.十項基本原則、員工行爲準則	2	1.《員工手冊》 2.《新員工入職培訓教材》	賣場店長或行政人事助理
人事管理制度	1.人事管理制度、考勤制度 2.獎懲辦法、合理化建議管理制度	2	《新員工入職培訓教材》	賣場店長、人事助理
服務禮儀與服務技巧	1.服務業禮貌禮節規範 2.服務姿態、服務禮貌語言的運用	2	《新員工入職培訓教材》	處長、行政人事助理
行業知識及相關術語	1.超市行業知識 2.行業術語介紹	1	《新員工入職培訓教材》	賣場店長、處、課長
營運流程	1.直、配送商品的進、退、換貨流程	2	《新員工入職培訓教材》	賣場店長、處長、課長
商品陳列	1.商品陳列原則及方法 2.商品組合常識、技巧、安全事項	2	《新員工入職培訓教材》	賣場店長、處長、課長
顧客投訴的處理	1.顧客投訴的處理方法消費者九大權益 2.引起顧客投訴的原因	2	《新員工入職培訓教材》	賣場店長、處長、服務課長、行政助理
服務考評	1.考評項目 2.考證方法	1		賣場店長、處長、行政人事助理
促銷常識	1.促銷方式、小時促銷的規範 2.促銷活動中注意事項 3.消費者心理及推銷技巧	1	《新員工入職培訓教材》	賣場店長、處長

續表

課程	教學要點	課時	教材來源	授課老師要求（選擇）
防損與安全工作規範	1.發生損耗的原因、損耗的控制 2.全員防損的推廣 3.安全與防範	2	《新員工入職培訓教材》《防損手冊》	賣場店長、防損課長
盤點作業	1.日盤點、月盤點 2.盤點作業流程	1	《新員工入職培訓教材》	賣場店長、處長、課長
設備常識	1.賣場常用設備的使用和保養 2.工作中的注意及安全事項	1	《新員工入職培訓教材》	設備駐店人員
專業知識培訓根據人數時間而定				
收銀培訓	1.收銀員工作制度 2.收銀員工作指南 3.裝袋原則 4.收銀工作相關注意事項 5.真假鈔的識別 6.收銀機的使用、維護、保養 7.模擬練習	7	《新員工入職培訓教材》配合理論現場操作	片區、賣場財務人員、店長、收銀課長
防損員培訓	1.防損員工作制度 2.防損員應知應會 50 題 3.商品防盜技能 4.防損手冊的相關知識	7	《新員工入職培訓教材》《防損手冊》	賣場店長、防損課長
理貨員制度	1.員工工作規範 2.理貨員工作制度 3.科學訂貨 4.驗貨技巧 5.理貨員每日工作流程 6.單據的處理	7	《新員工入職培訓教材》	賣場店長、處長、商品課長

連鎖秘訣 37：對賣場員工要加以督導

督導是什麼？相信很多人之前根本沒有聽說過這個名稱。其實很多企業都會有類似的職位，就是幫助下級更好的貫徹執行本職工作的管理人員，他們都具備一定程度的督導能力。只是很多企業的分工還沒有那麼細，也還感覺不到這種能力的重要。隨著競爭的加劇，以零售經營為主的企業開始越來越關注這種能力，因為這種能力意味著企業更多的銷售額，顧客更高的忠誠。

顧名思義，督導就是監督和指導的意思。連鎖企業的店員督導，就是對賣場提供服務的員工進行監督和指導的人。店員督導要對賣場員工的服務品質與數量負責，同時也要負責滿足員工的需求，而且只有通過激勵的手段才能使員工人盡其責，使產品和服務品質得到保障。

一、督導內容

店員督導的內容主要包括運營標準和執行狀態兩個方面。

1.運營標準

連鎖企業是在標準化、統一化的環境中運營的。要建立和維護企業的統一形象與品牌，就應該使企業各項經營活動都在

統一的標準下進行，這主要是考察賣場運營標準的制訂與合理性。

店員督導在巡場時，應該檢查各賣場的運營標準是否統一，各直營店、加盟店是否對統一的運營標準進行了任意地篡改；員工是否清楚地理解企業運營的標準，員工的培訓是否達到預期的目的；現有的標準流程與商品佈置情況是否存在問題，是否有改進的餘地等等。

2.執行狀態

督導不僅要檢查賣場運營標準的制訂以及運行是否合理，更重要的是檢查賣場運營標準的執行狀態，即賣場員工是否嚴格遵循這些標準，從而與企業總目標達成一致。

賣場員工是否按照標準的作業流程開展工作；產品的陳列、擺設是否標準統一；賣場員工的儀容儀表是否符合公司的統一標準；員工的心態是否積極、熱情，產品知識、導購技巧是否嫺熟，並有效執行；員工對上次遺留問題解決的執行情況；促銷活動是否按照公司的規定認真執行等。沒有良好地執行，再好的運營標準也只是一個擺設。

督導，不但要對賣場員工的執行狀態進行監督，還有必要對員工進行指導、培訓，使他們正確地開展工作，同時不要忘了對賣場員工進行必要地激勵和鼓勵。店員督導要善於發現問題，並公正、客觀地描述所發現的問題，把督導結果如實反映給公司有關部門，以便公司做出及時修正和改善，並為員工培訓提供參考。

幾個有用的督導表單：

表 37-1 店鋪營運（流程）檢查表

店鋪名稱			
檢查項目	滿分	得分	檢查情況描述
店鋪營運綜合流程	10		
店鋪統採商品訂貨流程	10		
供應商認證流程	10		
店鋪自採商品訂貨流程	10		
店鋪補貨流程	10		
店鋪收貨流程	10		
店鋪退貨流程	10		
店鋪盤點流程	10		
店鋪出貨流程	10		
店鋪送貨流程	10		
收銀作業流程	10		
其他	10		
總分	120		

備註：

註：0～3 分：未達到要求，責令整改。

　　4～6 分：離要求有一定的差距，限期整改。

　　7～8 分：基本達到要求。

　　9～10 分：達到要求。

說明：以上流程的執行標準詳見《店鋪營運管理手冊》。

督導員：　　　　　　日期：　　年　　月　　日

表 37-2　人員作業情況檢查表

店鋪名稱				
檢查項目		滿分	得分	檢查情況描述
營業員	著裝、儀容儀表是否得體、整潔	10		
	服務態度、言談舉止是否符合標準	10		
	對工作職責和規範、流程的熟悉程度	10		
	對商品陳列技巧（出樣組合合理、產品層次分明、主推產品突出、宣傳包裝醒目、贈品堆碼搶眼、演示效果生動、整體氣勢集中）瞭解與運用水準	10		
	在工作期間團結協作、互相支援、配合默契的情況	10		
	對商品知識的瞭解與應用情況（賣點、價格、維護、組合）	10		
	對賣場貨品熟悉程度（當期暢銷品、滯銷品、特賣品、最低售價、贈品）	10		
	對自己所負責品類的庫存情況是否清楚（實際庫存、安全庫存、補貨需求、庫存號碼、位置），樣機的維護、更換、處理是否及時	10		
	對所銷售產品性能、價格等是否清楚	10		
	對競爭品牌的性能、價格等是否清楚	10		
	是否能掌握顧客特性與其購買心理	10		
	銷售技巧的掌握情況（賣點，價格，組合，三、四級市場消費者心理）	10		
	管轄的區域是否整潔、美觀	10		
	促銷活動時，店面各崗位工作人員是否充足，工作流程是否有條不紊、緊密協作；對促銷方案的理解、準備、實施是否達到連鎖公司統一要求，實現預期的活動目標	10		

續表

	檢查項目	滿分	得分	檢查情況描述
收銀員	收銀工作近期內是否曾出現問題	10		
	收銀員是否熱情、有親和力	10		
	收銀台是否整潔	10		
	收銀員是否熟悉各種產品的價格	10		
	收銀員對收銀機的操作是否熟悉	10		
	收銀員的收銀操作是否規範	10		
	其他	10		
售後服務人員	售後服務人員外表、服裝是否整潔	10		
	售後服務人員是否熱情週到	10		
	安裝人員是否能夠掌握產品性能	10		
	安裝人員是否掌握安裝技術	10		
	是否有售後服務回饋表	10		
	是否熟悉售後服務流程	10		
	送修過程能否主動追蹤，給顧客滿意的服務	10		
	其他	10		
庫房採購人員	是否熟悉並執行採購流程	10		
	商品定價是否合理	10		
	貨物進、出庫單等有關單據是否完備	0		
	堆垛有無達到標準、庫房面積是否合理使用	10		
	是否能夠作到貨物、盤點卡、帳本、盤點表相符	10		
	其他	10		
總結		350		

督導員：　　　　　　　日期：　　年　　月　　日

表 37-3　店面狀況檢查表

店鋪名稱				
檢查項目	滿分	得分	檢查情況描述	
價簽的擺放和標價是否符合連鎖體系要求	40			
通道的寬度是否有利於顧客流覽或挑選商品	10			
地面是否清潔完好，有無亂堆亂放	10			
貨架的擺設與商品的陳列是否有利於顧客的通行和視線	10			
店內各類宣傳物料的組合佈置是否達到對顧客的誘導性	10			
動線的規劃有否產生賣場死角及不易人流進出	10			
現場 POP、經銷牌擺放、張貼是否合適	10			
資訊系統使用情況如何				
其他				
總分	100			
備註：				

督導員：　　　　　　　日期：　　年　　月　　日

表 37-4　店鋪衛生情況檢查表

店鋪名稱				
	檢查項目	滿分	得分	檢查情況描述
員工儀容儀表	頭髮整齊、乾淨	10		
	化妝得體、首飾佩戴得當	10		
	衣、帽、鞋穿戴整齊，工牌完整	10		
	工作區內不吸煙	10		
	要求無長指甲、指甲內無甲垢	10		
	無抓頭、摳鼻等不衛生行爲	10		
	身上無異味	10		
店堂衛生	地面、牆壁等清潔，無破損、無污垢	10		
	無衛生死角	10		
	空氣清新，濕度、溫度宜人	10		
	環境清潔，無浮塵污垢	10		
	貨架、展示櫃台等整齊、清潔	10		
	裝飾畫、各種標牌無浮塵、無破損	10		
	各種商品、贈品外表無浮塵	10		
	各項宣傳、裝飾物料乾淨、不凌亂	10		
	票據、紙筆等擺放整齊、放指定位置	10		
洗手間衛生	空氣清新、無異味	10		
	地面無水跡、無雜物	10		
	牆壁及頂棚乾淨無破損	10		
	洗手台乾淨，鏡面光亮	10		
	洗手液足夠	10		
	廢紙筐中的廢紙不超過 1/3	10		
店鋪門口	門窗乾淨無破損，玻璃透明	10		
	POP 廣告乾淨，無破損、放置正確	10		
	門口路上無雜物，無痰跡、無積水	10		
總結		260		

督導員：　　　　　　日期：　　年　　月　　日

表 37-5　售後服務情況檢查表（顧客服務情況）

店鋪名稱				
檢查項目	滿分	得分	檢查情況描述	
安裝、維修人員的配備是否合理	10			
是否爲顧客提供安裝服務	10			
是否爲顧客提供維修服務	10			
安裝服務的品質	10			
維修服務的品質	10			
安裝服務是否及時	10			
維修服務是否及時	10			
產品品質問題處理	10			
顧客滿意度	10			
對投訴的處理效率	10			
總分	100			
備註：				

督導員：　　　　　　　　　日期：　　年　　月　　日

表 37-6　督導人員入店督導訪談表

店鋪名稱	
訪談對象	
訪談起止時間	
訪談要點記錄	（員工對企業文化的理解，員工的感受、意見、建議，店鋪營運及作業、店鋪需要及工作計劃、店鋪人員配置及管理原則、店鋪競爭環境及消費特性等/顧客對店鋪的印象、意見、建議，對商品的需求情況等等）
督導人員意見及建議	

督導員：　　　　　　日期：　年　月　日

表 37-7　店鋪督導情況匯總表

店鋪名稱：			入店時間		離店時間		
檢查項目名稱	初檢結果	需立即改善項目	問題內容		接受彙報的經營指導人員姓名		複檢結果

註：
1.「初撿」,「覆檢」欄以「√」,「×」填寫。
2.「√」表示檢查通過滿意,「×」表示檢查不通過,需立即改進。
3.如初檢欄是「×」,必須立即填寫須改善項目。

督導員：　　　　　　日期：　年　月　日

表 37-8　督導人員巡店結果彙報表

巡店區域	
巡店對象	
實際巡店 線路及日程	
巡店計劃完成 情況匯總說明	主要問題（共性問題、個性問題）：
主管意見	

　　督導員：　　　　　　　　　　　　　　日期：　年　月　日

（注意：本表需要另加附件，附件內容為針對每個加盟店的督導報告）

二、督導方法

　　對店員的督導內容有了詳細的瞭解之後，對於具體採取什麼樣的督導方法也應該引起足夠的重視。一個好的督導方法能對店員督導起到事半功倍的效果。一般來說，對店員的督導方法主要是日常督導和影子顧客兩種。

1.日常監督

　　日常督導就是企業服務督導部門或者各職能部門，定期或不定期地對賣場員工或者所屬部門的員工的日常行為和賣場的日常經營情況進行監督和指導。

　　各職能部門、上級主管對店面單位的服務工作進行檢查和督辦，規定頻度的檢查將把重點放在與顧客接觸的服務方面，並做好巡檢記錄。服務管理部門組織的專項檢查評定也是對服

務過程進行測量和評價的一個重要組成部份。

定期的內部品質審核的管理評審將對體系的全面狀態做出評價，其中包括對服務品質的控制、服務品質的效果評價及員工工作技能、態度等的評價。

這種督導方式是一種正式的檢查與交流，督導部門或督導員可以方便地對賣場經營的各個方面進行檢查，通過正式的管道獲得相關的數據。當然，當店面員工知道有督導來檢查時，可能會積極表現，做出與平時不一樣的舉動和行為，或者隱藏存在的不利問題，從而也就使得督導結果不一定能真實地反映員工的工作行為和狀態。

2. 影子顧客

「影子顧客」，也即神秘顧客，是指企業聘請顧客以顧客的身份、立場和態度來體驗賣場的服務，從中發現賣場經營中存在的問題。

設置「神秘顧客」的原因是為了讓他們客觀地評價餐飲和服務做得是否好，要他們給員工打分，而他們打的分數與餐廳員工的獎金是直接掛鉤的，之所以叫「神秘顧客」，就是因為員工們都不知道那位是「神秘顧客」。

由於「影子顧客」來無影去無蹤，而且沒有時間規律，這就使連鎖賣場的經理、僱員時時感受到某種壓力，不敢有絲毫懈怠，從而時刻保持飽滿的工作狀態，提高了員工的責任心和服務品質。

「影子顧客」暗訪的方式之所以能被企業的管理者所採用，原因就在於「影子顧客」所觀察到的是服務人員無意識的

表現。從心理和行爲學角度來說，人在無意識時的表現是最真實的。「影子顧客」在消費的同時，也和其他消費者一樣，對商品和服務進行評價，發現的問題與其他消費者有同樣的感受。根據上述服務品質的特性，「影子顧客」彌補了連鎖賣場內部管理過程中的不足，其作用主要體現在以下幾方面：

「影子顧客」的暗訪監督與獎懲制度結合以後，會帶給服務人員無形的壓力，引發他們主動提高自身的業務素質、服務技能和服務態度，促使其爲顧客提供優質的服務，且持續時間較長；

「影子顧客」可以從顧客的角度觀察和思考問題，有利於賣場更好地認識和改進問題，更好地讓顧客滿意；

「影子顧客」的監督可以加大企業的監督管理機智，可以改進服務人員的服務態度，加強內部管理：

「影子顧客」在與服務人員的接觸過程中，可以聽到員工對企業和管理者的「不滿聲音」，幫助管理者查找管理工作中的不足，改善員工的工作環境和條件，拉近員工與企業和管理者之間的距離，增強企業凝聚力；通過「影子顧客」發現的問題，經過系統地分析深層次的原因，能夠提升管理方法，完善管理制度，從而增強競爭力。

當然，影子顧客的評估工作只能是從顧客容易著手的方面進行，他們只能通過觀察或者與營業員的簡單溝通來獲得相應的數據，不能深度挖掘是它的一個缺陷。

企業應該注意影子顧客的挑選與培訓，應通過有償方式加以聘用，並及時給予相應報酬，以保證他們評估工作的真實性、

長期性、連續性和穩定性。

　　由於影子顧客實際上間接地參與了企業內部管理，它們被選定以後，應與其簽訂聘用合約，保障雙方的權益，特別是作好相關資訊的保密工作。

　　要使得連鎖企業的服務標準統一，服務水準提高，對店面員工的培訓就成了一項經常性的工作。連鎖企業科學的培訓體系也是它們競爭力的源泉。連鎖企業應該為賣場員工規劃出一套科學、有效的培訓體系，確定有針對性的培訓內容和適合的培訓方法，以提高員工的業務能力，調整他們的心態和熟悉企業的運營規範。要使員工從「要我學」向「我要學」轉變，在組織內打造一種積極向上的學習型組織氣氛，使他們積極有效地開展工作，創造高的顧客滿意，實現企業的高績效。同時，還應該對培訓效果進行評估，可以從反映、學習、行為和結果四個方面展開，從而發現培訓中存在的問題，檢測培訓的效果，為下一階段的培訓提供參考。

　　在對賣場員工進行激勵與培訓的同時，也離不開對他們的監督與指導。通過店員督導的工作，能促使員工積極地開展工作，並嚴格按照企業的標準開展服務；能及時發現員工工作中存在的問題，以利於企業開展有針對性地培訓和指導，實現企業服務水準的不斷改進和提升。

　　店員的培訓和督導是兩個不可分離的部份。培訓的效果可以通過店員督導來發現和檢測，同時店員督導的結果又為進一步培訓提供了依據和參考。

　　從連鎖賣場服務運營的角度來講，賣場員工是主體，培訓

與督導的核心內容有兩個：其一為「人的服務」，即「快樂工作」；其二為「物的服務」，即「專業流程」的貫徹；通過培訓實現「快樂工作+專業流程」這一標準的複製，通過督導實現標準的監督與改善。

連鎖秘訣 38：聘用員工要善用 TLC 理念

肯德基公司對員工要 TLC，即為親切(Tender)、友愛(Loving)、高度注意(Care)。

對員工最基本的要求是希望使所有消費的顧客都能感受到貼心而且迅速的服務。因此在招聘新員工時，對於應聘人員是否能夠徹底達到 TLC 的要求，也是錄取與否的重要依據之一。具體而言，一個應聘者應具備以下幾點：

(1)對週圍的人是否能夠隨時給予體諒與關懷？個性是否開朗、易與人相處？

(2)能否迅速、俐落地解決事情？能否對工作保持積極樂觀的態度？

(3)是否能夠給顧客留下良好的印象？

為了貫徹其 TLC 理念，肯德基十分重視員工的潛質，他們往往通過面試來瞭解應聘人員是否具有 TLC 的潛質。具體如下：

1.面試的順序

(1)讓對方感到輕鬆沒有壓力。

(2)由日常事務聊起,用容易親近的話題緩和對方的緊張情緒。

(3)大約有七至八成的比例是以面試者詢問、應聘者回答的形式進行。可用「關於××,你的看法如何?」等提問方式,多讓應聘者自由發揮。

(4)除了應聘者回答的內容須納入評審的依據之外,整體的用字遣詞、儀態、氣質等,均是面試者考慮與判斷的依據。

2.面試時應詢問的事項

(1)判斷應聘者對於工作內容的認知度。

①過去從事過那些工作?為何離職?

②是否曾經從事獨當一面的工作?比較專長的領域為何?

③長時間從事同性質的工作是否能夠得心應手?與其他人相比較之下自己的優點何在?

(2)關於參與感與積極性的判斷。

①在過去所從事的工作或是學生時代參加的社團活動中,自己最喜歡或是印象最深刻的工作是什麼?

②對於沒有打工經驗,也沒有社團活動經驗的人,詢問其理由。

③為什麼想在肯德基工作?

(3)判斷「適應性」的問題。

①在過去的工作崗位上,假使上司臨時調派其他的工作或是派遣至外地出差,你的配合度如何?

②在上述的情況下，應聘者是以何種態度面對？

(4)關於工作時間的問題。

①每天能夠上班多少小時？

②每星期能夠上班幾天？

③希望上早班、中班、晚班還是大夜班？

(5)關於服裝與儀容的問題。

①第一印象是否良好？

②應聘者是否注視著自己，仔細傾聽說明？

③服裝與儀容是否整潔？

3.其他問題

(1)若是學生，目前是否有參加學校的社團活動？

(2)過去曾經從事過那種性質的打工？離職理由是什麼？

(3)過去是否曾經有過團隊工作的經驗？

(4)希望能夠在此學習到什麼？

(5)上班是否方便？

(6)能否準時？

(7)能否配合加班或增加排班的班次？

(8)若為家庭主婦，是否能夠得到家人的諒解，安心工作？

4.細節是成功的關鍵

許多人一踏入肯德基，都會對其親切有禮的服務與整潔的店面印象深刻。其實，肯德基所重視的正是使顧客享有賓至如歸的服務，至於食物的新鮮美味則是其次。

但是，大多數的餐飲業者也熟知這一點，為什麼他們始終無法與肯德基競爭呢？

雖然總公司制定了一套標準的作業程序，設法將各式各樣的制式工作維持在一定的水準以上，但是百密也難免有一疏，實際工作中也可能會遇到各式各樣工作手冊中並未規定的事項。由於顧客的需求各有不同，因此光是依賴工作手冊，可能會陷入單向思考的邏輯陷阱中，無法作出彈性的變化，因此，因時、因地制宜才是正確的處理模式。

為了提高這類服務水準，肯德基總公司不斷地要求所有的員工：「假使有空閒時間，也不可以鬆懈，必須進行環境打掃或是與客戶交流溝通。」以下從顧客的實際反應中來一窺 TLC 理念。

(1)「我跟朋友大概每個禮拜都會去 2～3 次，店裏的服務人員，尤其是一個看起來約是二十來歲的年輕女店員，會親切地對我說：『期末考查到了，要加油哦！』或者是『今天看起來好像沒有什麼精神呢』等等，讓我有賓至如歸的感覺。」

(2)「由於就住在車站附近，因此我經常去。因為我每次都固定吃不加番茄醬的漢堡，所以店員也都認識我了。現在我就算什麼都不說他們也會知道我要點什麼，讓我覺得很貼心。」

(3)「每天下班後我都會與友人到附近的肯德基點一杯冰咖啡，聊聊天。5 點過後店裏會變得十分忙碌，人也多了起來。有的時候小朋友下課後也都聚集過來，在店裏喧嘩吵鬧，甚至互相追逐嬉戲。這時候服務人員就會婉言勸阻，他們能夠如此顧及其他顧客安靜用餐的權利，令我十分欣賞。」

(4)「我經常帶著孫子一起到附近的肯德基吃東西，順便玩那裏的遊樂設施。有一次我和孫子在用餐的時候，剛好有一點

事想打電話回家，可是卻忘了帶電話卡，那位店長得知我的需求之後，就毫不猶豫地把他的電話卡借給我，令我十分感動。」

（5）「我的兒子是個重度殘疾兒童，根本無法正常行走。因為外出很不方便，所以他幾乎都待在家裏。有一次他說很想去肯德基，我就帶他去看看。本來我們還不太敢進去，在門外徘徊許久。鼓足勇氣進去後，沒想到店裏的服務人員不但沒有露出不悅的神情，還親切地向我們問候。服務員還很愉快地拿玩具送給我的小孩。而且我們在用餐的時候，其他的服務員不但過來與我們談天，還熱心地教我們玩具的使用方法。因為他們的服務十分親切，後來我們就經常去那裏消費。這件事對我們母子來說是一個極大的鼓勵，對上下所有員工，我們實在是不勝感激。」

上述這些信件，都是從顧客服務部門的消費者來函中選錄出來的。

由此可以看出，每一位都是用心服務顧客的，並且致力於實踐工作手冊的規定，因此才能夠創造出更高的附加價值。也就是說，借由個人的努力與直覺，以「全心的付出」作為基本的服務，才是使顧客感到喜悅的主要動力，這也是 TLC 的精髓所在。

對顧客的要求作隨機應變的判斷與回應，帶給顧客溫馨舒適的服務，必須從平常就隨時銘記於心，無論是店長還是工讀生，都應該有此深刻的體會。

此外，為了對員工的言行舉止有嚴格的規定：員工每日必須穿著整齊的制服，制服必須保持挺括；頭髮必須光潔；男士

頭髮不可長過衣領及耳部，每天必須剃鬚，以保持良好的儀容；女士只可化淡妝，不可濃妝豔抹；每天須洗澡，防止體臭，保持雙手及指甲清潔；不得在工作時間吸煙；不得酗酒、吸毒及聚賭；不得粗言穢語，不得打架鬧事，不得對顧客無禮等等。違者輕則警告或停工，重則開除。分店每三個月對員工的表現作一次檢查，以作為其晉級、加薪的根據。

心得欄

圖書出版目錄

下列圖書是由憲業企管顧問（集團）公司所出版，以專業立場，為企業界提供最專業的各種經營管理類圖書。

1. 傳播書香社會，凡向本出版社購買（或郵局劃撥購買），一律 9 折優惠。
   服務電話 (02)27622241　(03)9310960　　傳真 (02)27620377
2. 請將書款用 ATM 自動扣款轉帳到我公司下列的銀行帳戶。
   銀行名稱：合作金庫銀行　　帳號：5034-717-347447
   公司名稱：憲業企管顧問有限公司
3. 郵局劃撥號碼：18410591　郵局劃撥戶名：憲業企管顧問公司
4. 圖書出版資料隨時更新，請見網站　www.bookstore99.com

經營顧問叢書

4	目標管理實務	**320 元**	47	營業部門推銷技巧	390 元
5	行銷診斷與改善	360 元	52	堅持一定成功	360 元
6	促銷高手	360 元	56	對準目標	360 元
7	行銷高手	360 元	58	大客戶行銷戰略	360 元
8	海爾的經營策略	320 元	60	寶潔品牌操作手冊	360 元
9	行銷顧問師精華輯	360 元	71	促銷管理（第四版）	360 元
13	營業管理高手（上）	一套	72	傳銷致富	360 元
14	營業管理高手（下）	500 元	73	領導人才培訓遊戲	360 元
16	中國企業大勝敗	360 元	76	如何打造企業贏利模式	360 元
18	聯想電腦風雲錄	360 元	77	財務查帳技巧	360 元
19	中國企業大競爭	360 元	78	財務經理手冊	360 元
21	搶灘中國	360 元	79	財務診斷技巧	360 元
25	王永慶的經營管理	360 元	80	內部控制實務	360 元
26	松下幸之助經營技巧	360 元	81	行銷管理制度化	360 元
32	企業併購技巧	360 元	82	財務管理制度化	360 元
33	新產品上市行銷案例	360 元	83	人事管理制度化	360 元
46	營業部門管理手冊	360 元	84	總務管理制度化	360 元

85	生產管理制度化	360元	145	主管的時間管理	360元
86	企劃管理制度化	360元	146	主管階層績效考核手冊	360元
88	電話推銷培訓教材	360元	147	六步打造績效考核體系	360元
90	授權技巧	360元	148	六步打造培訓體系	360元
91	汽車販賣技巧大公開	360元	149	展覽會行銷技巧	360元
92	督促員工注重細節	360元	150	企業流程管理技巧	360元
94	人事經理操作手冊	360元	152	向西點軍校學管理	360元
97	企業收款管理	360元	153	全面降低企業成本	360元
100	幹部決定執行力	360元	154	領導你的成功團隊	360元
106	提升領導力培訓遊戲	360元	155	頂尖傳銷術	360元
112	員工招聘技巧	360元	156	傳銷話術的奧妙	360元
113	員工績效考核技巧	360元	159	各部門年度計劃工作	360元
114	職位分析與工作設計	360元	160	各部門編制預算工作	360元
116	新產品開發與銷售	400元	163	只為成功找方法，不為失敗找藉口	360元
122	熱愛工作	360元			
124	客戶無法拒絕的成交技巧	360元	167	網路商店管理手冊	360元
125	部門經營計劃工作	360元	168	生氣不如爭氣	360元
127	如何建立企業識別系統	360元	170	模仿就能成功	350元
129	邁克爾·波特的戰略智慧	360元	171	行銷部流程規範化管理	360元
130	如何制定企業經營戰略	360元	172	生產部流程規範化管理	360元
131	會員制行銷技巧	360元	173	財務部流程規範化管理	360元
132	有效解決問題的溝通技巧	360元	174	行政部流程規範化管理	360元
135	成敗關鍵的談判技巧	360元	176	每天進步一點點	350元
137	生產部門、行銷部門績效考核手冊	360元	177	易經如何運用在經營管理	350元
			178	如何提高市場佔有率	360元
138	管理部門績效考核手冊	360元	180	業務員疑難雜症與對策	360元
139	行銷機能診斷	360元	181	速度是贏利關鍵	360元
140	企業如何節流	360元	183	如何識別人才	360元
141	責任	360元	184	找方法解決問題	360元
142	企業接棒人	360元	185	不景氣時期，如何降低成本	360元
144	企業的外包操作管理	360元	186	營業管理疑難雜症與對策	360元

187	廠商掌握零售賣場的竅門	360元
188	推銷之神傳世技巧	360元
189	企業經營案例解析	360元
191	豐田汽車管理模式	360元
192	企業執行力（技巧篇）	360元
193	領導魅力	360元
197	部門主管手冊(增訂四版)	360元
198	銷售說服技巧	360元
199	促銷工具疑難雜症與對策	360元
200	如何推動目標管理（第三版）	390元
201	網路行銷技巧	360元
202	企業併購案例精華	360元
204	客戶服務部工作流程	360元
205	總經理如何經營公司(增訂二版)	360元
206	如何鞏固客戶（增訂二版）	360元
207	確保新產品開發成功(增訂三版)	360元
208	經濟大崩潰	360元
209	鋪貨管理技巧	360元
210	商業計劃書撰寫實務	360元
212	客戶抱怨處理手冊(增訂二版)	360元
214	售後服務處理手冊（增訂三版）	360元
215	行銷計劃書的撰寫與執行	360元
216	內部控制實務與案例	360元
217	透視財務分析內幕	360元
219	總經理如何管理公司	360元
222	確保新產品銷售成功	360元
223	品牌成功關鍵步驟	360元
224	客戶服務部門績效量化指標	360元
226	商業網站成功密碼	360元
227	人力資源部流程規範化管理（增訂二版）	360元

228	經營分析	360元
229	產品經理手冊	360元
230	診斷改善你的企業	360元
231	經銷商管理手冊(增訂三版)	360元
232	電子郵件成功技巧	360元
233	喬·吉拉德銷售成功術	360元
234	銷售通路管理實務〈增訂二版〉	360元
235	求職面試一定成功	360元
236	客戶管理操作實務〈增訂二版〉	360元
237	總經理如何領導成功團隊	360元
238	總經理如何熟悉財務控制	360元
239	總經理如何靈活調動資金	360元
240	有趣的生活經濟學	360元
241	業務員經營轄區市場（增訂二版）	360元
242	搜索引擎行銷	360元
243	如何推動利潤中心制度（增訂二版）	360元
244	經營智慧	360元
245	企業危機應對實戰技巧	360元
246	行銷總監工作指引	360元
247	行銷總監實戰案例	360元
248	企業戰略執行手冊	360元
249	大客戶搖錢樹	360元
250	企業經營計畫〈增訂二版〉	360元
251	績效考核手冊	360元
252	營業管理實務（增訂二版）	360元
253	銷售部門績效考核量化指標	360元
254	員工招聘操作手冊	360元

255	總務部門重點工作（增訂二版）	360 元
256	有效溝通技巧	360 元
257	會議手冊	360 元
258	如何處理員工離職問題	360 元
259	提高工作效率	360 元
260	贏在細節管理	360 元
261	員工招聘性向測試方法	360 元
262	解決問題	360 元
263	微利時代制勝法寶	360 元
264	如何拿到 VC（風險投資）的錢	360 元
265	如何撰寫職位說明書	360 元
266	企業如何推動降低成本戰略	
267	促銷管理實務〈增訂五版〉	360 元
268	顧客情報管理技巧	360 元
269	如何改善企業組織績效〈增訂二版〉	360 元

《商店叢書》

4	餐飲業操作手冊	390 元
5	店員販賣技巧	360 元
10	賣場管理	360 元
12	餐飲業標準化手冊	360 元
13	服飾店經營技巧	360 元
14	如何架設連鎖總部	360 元
18	店員推銷技巧	360 元
19	小本開店術	360 元
20	365 天賣場節慶促銷	360 元
21	連鎖業特許手冊	360 元
29	店員工作規範	360 元
30	特許連鎖業經營技巧	360 元

32	連鎖店操作手冊（增訂三版）	360 元
33	開店創業手冊〈增訂二版〉	360 元
34	如何開創連鎖體系〈增訂二版〉	360 元
35	商店標準操作流程	360 元
36	商店導購口才專業培訓	360 元
37	速食店操作手冊〈增訂二版〉	360 元
38	網路商店創業手冊〈增訂二版〉	360 元
39	店長操作手冊（增訂四版）	360 元
40	商店診斷實務	360 元
41	店鋪商品管理手冊	360 元
42	店員操作手冊（增訂三版）	360 元
43	如何撰寫連鎖業營運手冊〈增訂二版〉	360 元
44	店長如何提升業績〈增訂二版〉	360 元
45	向肯德基學習連鎖經營〈增訂二版〉	360 元

《工廠叢書》

1	生產作業標準流程	380 元
5	品質管理標準流程	380 元
6	企業管理標準化教材	380 元
9	ISO 9000 管理實戰案例	380 元
10	生產管理制度化	360 元
11	ISO 認證必備手冊	380 元
12	生產設備管理	380 元
13	品管員操作手冊	380 元
15	工廠設備維護手冊	380 元
16	品管圈活動指南	380 元
17	品管圈推動實務	380 元

27	這樣喝水最健康	360 元
28	輕鬆排毒方法	360 元
29	中醫養生手冊	360 元
30	孕婦手冊	360 元
31	育兒手冊	360 元
32	幾千年的中醫養生方法	360 元
33	免疫力提升全書	360 元
34	糖尿病治療全書	360 元
35	活到 120 歲的飲食方法	360 元
36	7 天克服便秘	360 元
37	爲長壽做準備	360 元
38	生男生女有技巧〈增訂二版〉	360 元
39	拒絕三高有方法	360 元

《培訓叢書》

4	領導人才培訓遊戲	360 元
8	提升領導力培訓遊戲	360 元
11	培訓師的現場培訓技巧	360 元
12	培訓師的演講技巧	360 元
14	解決問題能力的培訓技巧	360 元
15	戶外培訓活動實施技巧	360 元
16	提升團隊精神的培訓遊戲	360 元
17	針對部門主管的培訓遊戲	360 元
18	培訓師手冊	360 元
19	企業培訓遊戲大全（增訂二版）	360 元
20	銷售部門培訓遊戲	360 元
21	培訓部門經理操作手冊（增訂三版）	360 元
22	企業培訓活動的破冰遊戲	360 元
23	培訓部門流程規範化管理	360 元

《傳銷叢書》

4	傳銷致富	360 元
5	傳銷培訓課程	360 元
7	快速建立傳銷團隊	360 元
9	如何運作傳銷分享會	360 元
10	頂尖傳銷術	360 元
11	傳銷話術的奧妙	360 元
12	現在輪到你成功	350 元
13	鑽石傳銷商培訓手冊	350 元
14	傳銷皇帝的激勵技巧	360 元
15	傳銷皇帝的溝通技巧	360 元
17	傳銷領袖	360 元
18	傳銷成功技巧（增訂四版）	360 元

《幼兒培育叢書》

1	如何培育傑出子女	360 元
2	培育財富子女	360 元
3	如何激發孩子的學習潛能	360 元
4	鼓勵孩子	360 元
5	別溺愛孩子	360 元
6	孩子考第一名	360 元
7	父母要如何與孩子溝通	360 元
8	父母要如何培養孩子的好習慣	360 元
9	父母要如何激發孩子學習潛能	360 元
10	如何讓孩子變得堅強自信	360 元

《成功叢書》

1	猶太富翁經商智慧	360 元
2	致富鑽石法則	360 元
3	發現財富密碼	360 元

《企業傳記叢書》

1	零售巨人沃爾瑪	360 元

2	大型企業失敗啟示錄	360元
3	企業併購始祖洛克菲勒	360元
4	透視戴爾經營技巧	360元
5	亞馬遜網路書店傳奇	360元
6	動物智慧的企業競爭啟示	320元
7	CEO拯救企業	360元
8	世界首富　宜家王國	360元
9	航空巨人波音傳奇	360元
10	傳媒併購大亨	360元

《智慧叢書》

1	禪的智慧	360元
2	生活禪	360元
3	易經的智慧	360元
4	禪的管理大智慧	360元
5	改變命運的人生智慧	360元
6	如何吸取中庸智慧	360元
7	如何吸取老子智慧	360元
8	如何吸取易經智慧	360元
9	經濟大崩潰	360元
10	有趣的生活經濟學	360元

《DIY叢書》

1	居家節約竅門DIY	360元
2	愛護汽車DIY	360元
3	現代居家風水DIY	360元
4	居家收納整理DIY	360元
5	廚房竅門DIY	360元
6	家庭裝修DIY	360元
7	省油大作戰	360元

《財務管理叢書》

1	如何編制部門年度預算	360元
2	財務查帳技巧	360元
3	財務經理手冊	360元
4	財務診斷技巧	360元
5	內部控制實務	360元
6	財務管理制度化	360元
8	財務部流程規範化管理	360元
9	如何推動利潤中心制度	360元

為方便讀者選購，本公司將一部分上述圖書又加以專門分類如下：

《企業制度叢書》

1	行銷管理制度化	360元
2	財務管理制度化	360元
3	人事管理制度化	360元
4	總務管理制度化	360元
5	生產管理制度化	360元
6	企劃管理制度化	360元

《主管叢書》

1	部門主管手冊	360元
2	總經理行動手冊	360元
4	生產主管操作手冊	380元
5	店長操作手冊（增訂版）	360元
6	財務經理手冊	360元
7	人事經理操作手冊	360元
8	行銷總監工作指引	360元
9	行銷總監實戰案例	360元

《總經理叢書》

1	總經理如何經營公司(增訂二版)	360元
2	總經理如何管理公司	360元
3	總經理如何領導成功團隊	360元

4	總經理如何熟悉財務控制	360 元
5	總經理如何靈活調動資金	360 元

《人事管理叢書》

1	人事管理制度化	360 元
2	人事經理操作手冊	360 元
3	員工招聘技巧	360 元
4	員工績效考核技巧	360 元
5	職位分析與工作設計	360 元
7	總務部門重點工作	360 元
8	如何識別人才	360 元
9	人力資源部流程規範化管理（增訂二版）	360 元
10	員工招聘操作手冊	360 元
11	如何處理員工離職問題	360 元

《理財叢書》

1	巴菲特股票投資忠告	360 元
2	受益一生的投資理財	360 元
3	終身理財計劃	360 元
4	如何投資黃金	360 元
5	巴菲特投資必贏技巧	360 元
6	投資基金賺錢方法	360 元
7	索羅斯的基金投資必贏忠告	360 元
8	巴菲特為何投資比亞迪	360 元

《網路行銷叢書》

1	網路商店創業手冊〈增訂二版〉	360 元
2	網路商店管理手冊	360 元
3	網路行銷技巧	360 元
4	商業網站成功密碼	360 元
5	電子郵件成功技巧	360 元
6	搜索引擎行銷	360 元

《企業計畫叢書》

1	企業經營計劃	360 元
2	各部門年度計劃工作	360 元
3	各部門編制預算工作	360 元
4	經營分析	360 元
5	企業戰略執行手冊	360 元

《經濟叢書》

1	經濟大崩潰	360 元
2	石油戰爭揭秘（即將出版）	

建立企業圖書館

當市場競爭激烈時：

培訓員工，強化員工競爭力
是企業最佳對策

　　「人才」是企業最大的財富。如何提升人才，是企業永續經營、戰勝對手的核心競爭力。積極培訓公司內部員工，是經濟不景氣時期的最佳戰略，而最快速的具體作法，就是**「建立企業內部圖書館，鼓勵員工多閱讀、多進修專業書籍」**

　　建議您：請一次購足本公司所出版各種經營管理類圖書，作為貴公司內部員工培訓圖書。 使用率高的（例如「贏在細節管理」），準備 3 本；使用率低的（例如「工廠設備維護手冊」），只買 1 本。

最 暢 銷 的 商 店 叢 書

	名 稱	說 明	特 價
1	速食店操作手冊	書	360 元
4	餐飲業操作手冊	書	390 元
5	店員販賣技巧	書	360 元
6	開店創業手冊	書	360 元
8	如何開設網路商店	書	360 元
9	店長如何提升業績	書	360 元
10	賣場管理	書	360 元
11	連鎖業物流中心實務	書	360 元
12	餐飲業標準化手冊	書	360 元
13	服飾店經營技巧	書	360 元
14	如何架設連鎖總部	書	360 元
15	〈新版〉連鎖店操作手冊	書	360 元
16	〈新版〉店長操作手冊	書	360 元
17	〈新版〉店員操作手冊	書	360 元
18	店員推銷技巧	書	360 元
19	小本開店術	書	360 元
20	365 天賣場節慶促銷	書	360 元
21	連鎖業特許手冊	書	360 元
22	店長操作手冊（增訂版）	書	360 元
23	店員操作手冊（增訂版）	書	360 元
24	連鎖店操作手冊（增訂版）	書	360 元
25	如何撰寫連鎖業營運手冊	書	360 元
26	向肯德基學習連鎖經營	書	360 元
27	如何開創連鎖體系	書	360 元
28	店長操作手冊（增訂三版）	書	360 元

郵局劃撥戶名：憲業企管顧問公司

郵局劃撥帳號：18410591

傳 銷 叢 書

	名稱	說明	特價
3	傳銷分享會	書	360 元
4	傳銷致富	書	360 元
5	傳銷培訓課程	書	360 元
6	〈新版〉傳銷成功技巧	書	360 元
7	快速建立傳銷團隊	書	360 元
8	如何成為傳銷領袖	書	360 元
9	如何運作傳銷分享會	書	360 元
10	頂尖傳銷術	書	360 元
11	傳銷話術的奧妙	書	360 元
12	現在輪到你成功	書	350 元
13	鑽石傳銷商培訓手冊	書	350 元
14	傳銷皇帝的激勵技巧	書	360 元
15	傳銷皇帝的溝通技巧	書	360 元
16	傳銷成功技巧（增訂三版）	書	360 元
17	傳銷領袖	書	360 元

上述各書均有在書店陳列販賣，若書店賣完，而來不及由庫存書補充上架，請讀者直接向店員詢問、購買，最快速、方便！

透過郵局劃撥購買：

戶名：憲業企管顧問公司

帳號：18410591

醫學保健叢書

1	9週加強免疫能力	2	維生素如何保護身體
3	如何克服失眠	4	美麗肌膚有妙方
5	減肥瘦身一定成功	6	輕鬆懷孕手冊
7	育兒保健手冊	8	輕鬆坐月子
9	生男生女有技巧	10	如何排除體內毒素
11	排毒養生方法	12	淨化血液 強化血管
13	排除體內毒素	14	排除便秘困擾
15	維生素保健全書	16	腎臟病患者的治療與保健
17	肝病患者的治療與保健	18	糖尿病患者的治療與保健
19	高血壓患者的治療與保健	20	飲食自療方法
21	拒絕三高	22	給老爸老媽的保健全書
23	如何降低高血壓	24	如何治療糖尿病
25	如何降低膽固醇	26	人體器官使用説明書
27	這樣喝水最健康	28	輕鬆排毒方法
29	中醫養生手冊	30	孕婦手冊
31	育兒手冊	32	幾千年的中醫養生方法
33	免疫力提升全書	34	糖尿病治療全書
35	活到120歲的飲食方法	36	7天克服便秘
37	為長壽做準備		

　　上述各書均有在書店陳列販賣，若書店賣完，而來不及由庫存書補充上架，請讀者直接向店員詢問、購買，最快速、方便！

　　請透過郵局劃撥購買：

　　　　劃撥戶名：憲業企管顧問公司

　　　　劃撥帳號：18410591

商店叢書⑤　　　　　　　　售價：360 元

向肯德基學習連鎖經營〈增訂二版〉

西元二〇一一年八月　　　　　　　　增訂二版一刷

編著：張靜華

策劃：麥可國際出版有限公司（新加坡）

編輯：蕭玲

校對：洪飛娟

發行人：黃憲仁

發行所：憲業企管顧問有限公司

電話：（02）2762-2241　　（03）9310960　　0930872873

臺北聯絡處：臺北郵政信箱第 36 之 1100 號

郵政劃撥：18410591 憲業企管顧問有限公司

江祖平律師顧問：紙品書、數位書著作權與版權均歸本公司所有

登記證：行政業新聞局版台業字第 6380 號

本公司徵求海外版權出版代理商（0930872873）

本圖書是由憲業企管顧問（集團）公司所出版，以專業立場，為企業界提供最專業的各種經營管理類圖書。

圖書編號 ISBN：978-986-6084-16-4